蔬菜

SHUCAI
YOUZHI KUAISU YUMIAO
JISHU

优质快速育苗技术

李卫欣　编著

U0387239

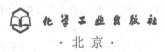

化学工业出版社

·北京·

图书在版编目(CIP)数据

蔬菜优质快速育苗技术/李卫欣编著.
—北京：化学工业出版社，2018.4（2025.3重印）
ISBN 978-7-122-31684-4

Ⅰ.①蔬…　Ⅱ.①李…　Ⅲ.①蔬菜-
育苗Ⅳ.①S630.4

中国版本图书馆 CIP 数据核字（2018）第 042981 号

责任编辑：邵桂林　　　　　　　　文字编辑：杨欣欣
责任校对：宋　玮　　　　　　　　装帧设计：王晓宇

出版发行：化学工业出版社（北京市东城区青年湖南街 13 号　邮政编码
100011）
印　　装：北京盛通数码印刷有限公司
850mm×1168mm　1/32　印张 8½　字数 210 千字　2025 年 3 月北京
第 1 版第 9 次印刷

购书咨询：010-64518888　　　　　　售后服务：010-64518899
网　　址：http://www.cip.com.cn
凡购买本书，如有缺损质量问题，本社销售中心负责调换。

定　价：35.00 元　　　　　　　　　版权所有　违者必究

前言

Foreword

　　蔬菜育苗是多种蔬菜生产技术的一个重要环节，是蔬菜集约化、产业化生产的必备条件。 蔬菜育苗也是获得蔬菜早熟、高产、高效、优质的有效调控手段。 随着人们生活水平的不断提高，蔬菜以其色鲜味美、品种多样深受广大消费者的青睐，尤其是设施蔬菜的发展为蔬菜的周年生产供应提供了可能。 要实现蔬菜的周年生产供应，搞好蔬菜育苗是前提和基础，俗话说"好苗半季产"，这充分体现了育苗的重要性。 几乎所有的设施栽培蔬菜都需要育苗。 蔬菜育苗是蔬菜生产的一大特色，是争取农时、增多茬口、发挥能力、提早成熟、延长供应、减免病虫害和自然灾害、增加产量的一项重要措施。 育苗还可节约用种，便于集中管理、培育健壮秧苗。

　　本书通俗易懂、图文并茂，理论联系实际，比较系统地介绍了蔬菜育苗技术及有关知识，有较高的科学性和实用性。 可供蔬菜企业技术人员、专业菜农，以及农业院校园艺等专业学生阅读参考。

　　全书共分七章：第一章介绍了蔬菜育苗的发展概况及前景；第二章蔬菜播种育苗，主要介绍了营养土的配置、播种前种子的处理、播种方法及苗期管理；第三章蔬菜嫁接育苗，主要介绍了嫁接方法、嫁接成活的原理及嫁接后的管理；第四章蔬菜育苗新技术，重点介绍了无土育苗、组织培养育苗、穴盘育苗、工厂化育苗及扦插育苗技术；第五章蔬菜育苗的设施，介绍了蔬菜育苗的常用设施和主要设备；第六章主要蔬菜育苗技术，介绍了茄果类、瓜类、甘蓝类及绿叶菜类蔬菜的育苗技术；第七章蔬菜苗期病虫害综合防治，介绍了苗期蔬菜的主要病害、虫害及防治方法。

本书在编写过程中，得到了张小红、姚太梅、崔培雪、李秀梅、纪春明、张向东、谷文明、苗国柱等老师的协助，在此表示衷心感谢。

由于编写时间仓促，书中不足之处在所难免，恳请读者批评指正。

编著者
2018 年 3 月

目录
CONTENTS

第一章
蔬菜育苗的概况

第一节
蔬菜育苗的发展状况及前景

一、蔬菜育苗的发展状况

　　蔬菜育苗是蔬菜生产的一个重要环节，是蔬菜集约化、产业化生产的必备条件。无论是越冬保护地栽培，还是春早熟、夏露地、秋迟延等栽培，均可以充分利用适宜的栽培季节和保护设施培育适龄壮苗，实现早熟早收、优质高产，提高设施和土地利用率，获得较高的经济效益。在长期的蔬菜生产中人们创造了各种不同的育苗方法和形式。根据育苗时所提供的条件和措施、各种育苗方法所属范围以及发展的演变，将育苗的方式方法总结于图1-1。

　　各种育苗技术的发展是相辅相成的。如电热温床育苗的出现，使风障、阳畦育苗上了一个新台阶；无土育苗技术给传统的营养土育苗进行了一次革命；穴盘育苗技术又使蔬菜育苗进入机械操作的工厂化时代，也为蔬菜生产集约化、工厂化、企业化提供了可靠的保障。目前，我国的蔬菜育苗技术，已由简单的风障、阳畦、草苫覆盖育苗发展成了工厂（机械）化育苗水平的现代育苗技术。

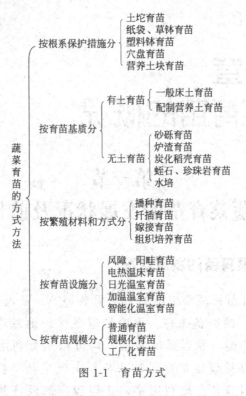

图 1-1　育苗方式

　　世界发达国家蔬菜育苗技术的发展，也是随着本国社会经济的发展、工业发达程度的不断提高以及人们对蔬菜生物学、生理学特性认识程度的加深而不断提高、发展的。在设施园艺发达的荷兰、韩国、日本等国，蔬菜工厂化育苗已成为一项成熟的农业生产技术，发展成为一个产业。这些国家以先进的设施设备、现代化的工程技术、规模化的生产方式、企业化的经营管理装备种苗产业，实现了秧苗工厂化生产和商品化供应，并在种植业中创造了最高的社会效益和经济效益。在日本，蔬菜生产农户的用苗可由农协、生产合作社供给或向育苗中心、育苗会社购买，农户基本没有自育自用的。

随着社会经济的发展，蔬菜种苗生产的规模化、集约化、商品化、工厂化已成为蔬菜产业向现代化发展的重要标志，也是经济发展的必然趋势。

二、 蔬菜育苗的发展前景

从 20 世纪 70 年代末引入以电热控温技术为中心的电热育苗开始，伴随着育苗生产的发展，育苗技术也在进行着一系列的改进。主要内容为控温催芽出苗（催芽室的应用）、提高并控制地温（电热温床的应用）、改善床土结构及营养（合理配制营养土）、实行无土育苗、改革成苗设施（用大、中棚代替小棚育成苗）、改善光照条件、适当缩短育苗期、保温节能（多层覆盖）、容器育苗等。

20 世纪 80 年代初，北京、上海等地先后引进了蔬菜工厂化育苗的设施设备，国内的一些大专院校及科研单位在消化吸收引进技术和推广应用方面做了大量工作，在利用简易设施进行工厂化育苗方面，积累了较为丰富的经验，取得了巨大的社会效益和经济效益。

20 世纪 90 年代后，随着农业种植结构的改革和调整，蔬菜的种植面积愈来愈大，蔬菜保护地生产发展很快，日光温室（冬暖型节能日光温室）、塑料大棚、塑料网室等如雨后春笋般出现。但是，由于生产者技术水平的差异，特别是在一些新调整的地方出现了"育苗难"或"育不出好苗"的现象，以致影响了蔬菜的生产和产品品质、产量的提高。因此，有不少生产者热切希望能获得高质量的秧苗。

农业生产的效益在很大程度上受规模效应的影响，一个品种或是品牌，如能形成一定规模，有利于生产技术水平的提高，有利于推动商品化生产和产业化进程。人们已逐渐认识到了这一点。在最近十几年间，很多地方已形成了专业化、集约化、规模化生产的蔬菜基地或新建了蔬菜园艺场。蔬菜商品化生产基地的迅速扩大和发展，需要建立高效、快速、高质量、高水平的育苗基地或育苗中心。蔬菜商品化生产将有力带动蔬菜产业体系中的很多部门的发展，如种子的采后处理、加工、储藏和运输等，同样也会使蔬菜育苗成为一个重要的产业部门，而且是一个技术含量高、经济效益好、具有活力和良好前景的产业部门。

三、 蔬菜育苗的意义

蔬菜育苗是指移植栽培的蔬菜在苗床中从播种到定植的全部作业过程。育苗是一个重要的、技术比较复杂的蔬菜生产环节，特别是在非生长季节的蔬菜保护地育苗，调控技术更为复杂，作用也更显著。蔬菜种类繁多，除少数种类采用种子或播种材料直接播种外，多数种类如茄果类、瓜类、豆类、甘蓝类、部分绿叶菜类、根菜类中的萝卜等，均可采用育苗移栽。

1. 可以提早上市， 均衡供应

在人为创造的有利条件下，可以达到争取农时、提早播种、提早成熟的目的。这在蔬菜周年均衡供应上也起着很大作用。在生长季节短的地区，提早育苗就可以解决生长期长与无霜期短的矛盾，使生长期长的蔬菜也能及时成熟，同时还可增加产量。

2. 便于培育壮苗

苗床面积小，便于集中管理，创造适宜幼苗生长的环境条件。如秧苗的施肥、灌溉、防病、除虫和选优去劣等工作均易进行，并可按照人们的意愿控制温度、湿度，定向培育出壮苗。

3. 提高经济效益

育苗后移栽，可以经济地利用土地，提高复种指数，合理安排和调节劳动力，并且节省种子。

第二节
蔬菜壮苗的标准

蔬菜秧苗是由不同的种子个体培育成的许多生物活体，不同的育苗方法使秧苗之间的差异很大。即使利用同一种育苗方法，秧苗所处的环境不同也会使它们之间产生明显差异。这些差异会影响到秧苗的生理活性及以后的产量。农谚有"苗好三成收"的说法，足以说明培育健壮的秧苗是丰产、稳产的基础。因此，研究、培养健壮的秧苗对蔬菜产量的提高具有重要意义。

蔬菜育苗的目标是培育适龄壮苗。秧苗健壮，应包括无病虫害、生长整齐、株体健壮三个主要方面。壮苗生理生化指标适宜，定植到大田后缓苗快，适应性强，生长发育旺盛，有较强的潜在生产能力；弱苗定植后缓苗慢，易引起落花落果，甚至影响蔬菜的品质和产量。苗龄与秧苗素质存在密切关系，苗龄可分为日历苗龄、形态苗龄、生理苗龄，三者之间并不一定统一，生产上习惯用日历苗龄。一般来说，大龄苗生长发育提前，产量提前，采收期较早；但苗龄过大，秧苗老化，不利于总产量的提高。

一、 秧苗素质的表现

优质苗：指素质优良的壮苗，茎粗短、节间密、叶肥厚、色浓绿，根系发达，无病虫害、无损伤，抗逆性强，发育良好。

　　劣质苗：指低龄苗、高龄苗、老化苗、徒长苗、出苗不齐、长势不均苗等。

　　徒长苗：根系发育差、茎细，节间长、叶薄色淡、茎叶保护组织不发达，定植后缓苗慢，成活率低，抗性差。

　　老化苗：茎细瘦，叶面积小，叶色深暗，根系发育不良，定植后发棵晚，长势弱。

二、 壮苗的判断指标

1. 从形态上看

　　① 根系正常，根色白，无锈根（黄色至黄褐色），须根多，密集。

　　② 茎节短，节间长度与株高匀称，茎粗壮，有韧性，抗风性好。

　　③ 叶柄粗短，叶片宽、舒展，无卷缩、病斑。

　　④ 植株开展度与株高比例适当，为 1～1.3。

　　⑤ 茄果类要显蕾，6～12 叶，黄瓜 4～5 叶，不吐卷须。叶菜类要有 1 个叶环，5～8 枚真叶，叶色浓绿，且以背面发点紫色为好。

2. 从生理上看

　　新陈代谢正常，生理活性高，细胞液浓度高，含水量少，吸收力强。不同蔬菜的壮苗标准不完全一样，下面是部分蔬菜定植时的壮苗标准。

　　黄瓜：具有叶 3～4 片，叶片厚，色深；茎粗，节间短，苗高 10 厘米以下，子叶完好。

　　番茄：具有 8 片真叶，叶色绿，带花蕾而未开放；茎粗 0.5 厘米，苗高 20 厘米以下。

　　辣椒：具有叶 10～12 片，叶片大而厚，叶色浓绿；茎粗

0.4～0.5厘米，苗高15～20厘米，第一花蕾已现。

茄子：具有叶5～6片，苗高15厘米左右，其他同辣椒。

菜豆、豆角：具有1～2片真叶，叶片大，颜色深绿；茎粗，节间短，苗高5～8厘米。

甘蓝、花椰菜：叶丛紧凑，节间短，具有6～8片叶，叶色深绿，根系发达。

第二章
蔬菜播种育苗

第一节
蔬菜育苗的发展状况及前景

蔬菜育苗时，最好使用比较肥沃的大田土壤作床土。土质以沙壤为好，并且要注意选择13～17厘米以内的表层土壤，忌用园土。营养土是指用大田土、腐熟的有机肥、疏松物质（可选用草炭、细河沙、细炉渣、炭化稻壳等）、化学肥料等按一定比例配制而成的育苗专用土壤，也叫苗床土、床土。

一、 育苗时对床土的要求

① 具有高度的持水性和良好的通透性。容重一般为0.6～1.0吨/米^3。

② 富含矿物质和有机质，一般要求有机质的含量不低于5%，以改善土壤的通气透水能力。

③ 有良好的化学性质，具备幼苗生长必需的营养元素，如氮、磷、钾、钙等。pH值在6～7之间，以利于根系的吸收活动。有机肥充分腐熟，不含有毒有害化学物质，残留农药、重金属等含量在限量标准以下。

④ 具有良好的生物性，富含有益微生物，不带病原菌和害虫。

二、 营养土的种类

根据用途不同，营养土可分为播种床土和分苗床土。

1. 播种床土

播种床土要求特别疏松、通透，以利于幼苗出土和分苗起苗时不伤根，对肥沃程度要求不高。配制体积比：大田土4份，草炭（或马粪）5份，优质粪肥1份（图2-1）；大田土3份，细炉渣（用清水淘洗几次）3份，腐熟的马粪或有机肥4份。每立方米加化肥0.5～1.0千克。播种床土厚度6～8厘米。

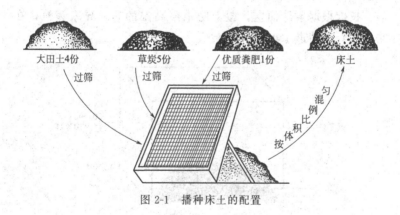

图 2-1　播种床土的配置

2. 分苗床土

分苗床土也叫移植床土。为保证幼苗期有充足的营养和定植时不散坨，分苗营养应加大大田土和优质粪肥的比例，配制体积比：大田土5～7份，草炭、马粪等有机物2～3份，优质粪肥2～3份，每立方米加化肥1.0～1.5千克。分苗床土厚度10～12厘米。

三、 营养土消毒

营养土的消毒是营养土配制过程中的重要环节。为了防止土壤带菌传病，可对床土进行消毒处理，其消毒处理的方法很多，分为物理消毒法和化学消毒法。

（一）物理消毒法

包括蒸气消毒、太阳能消毒等。

1. 蒸汽消毒

蒸汽消毒简便易行、经济实用、效果良好、安全可靠、成本低廉。方法是将营养土装入柜内或箱内（体积 1～2 米³），用通汽管通入蒸汽进行密闭消毒，一般在 70～90℃条件下持续 15～30 分钟即可（图 2-2）。如营养土量大，可堆积成 20 厘米高的土堆，长度根据条件而定，覆上防水耐高温的布，导入蒸汽，在 70～90℃下消毒 1 小时。

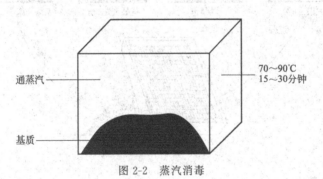

通蒸汽

70～90℃
15～30分钟

基质

图 2-2　蒸汽消毒

2. 太阳能消毒

在营养土的消毒中，蒸汽消毒比较安全，但成本较高；药剂消毒成本较低，但安全性较差，并且会污染周围环境。太阳能消毒是一种安全、廉价、简单、实用的基质消毒方法，同样也适用于目前我国日光温室的消毒。具体方法是在夏季温室或大棚休闲季节，将营养土堆成 10～15 厘米高的土堆，长度视情况而定；在堆放营养土的同时，用水将营养土喷湿，使含水量超过 80%，然后用塑料布覆盖起来；密闭温室或大棚，接受阳光的蒸烤，使室内营养土温度达到 60℃，持续 10～15 天，可消灭营养土中的猝倒病、立枯病、黄萎病等大部分疾病的病原体，效果较好。

（二）化学消毒法

1. 药土消毒

即将药剂先与少量土壤充分混匀，然后再与所计划的土量进一步拌匀成药土。播种时，2/3 药土铺底，1/3 药土覆盖，使种子四周都有药土，可以有效地控制苗期病害。常用药剂有多菌灵和甲基托布津，每平方米苗床用量 8～10 克。

2. 熏蒸消毒

一般用 0.5% 的福尔马林喷洒床土，拌匀后堆置，用薄膜密封 5～7 天，然后揭开薄膜待药味挥发后再使用（图 2-3）。

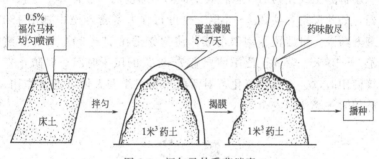

图 2-3　福尔马林熏蒸消毒

3. 喷洒消毒

（1）威百亩　威百亩是一种水溶性熏蒸剂，对线虫、杂草和某些真菌有杀伤作用。施用时 1 升威百亩加入 10～15 升水稀释，然后喷洒在 10 米³ 营养土表面，施药后将营养土密封，半个月后方可使用。

（2）代森锌或多菌灵　用代森锌或多菌灵 200～400 倍液消毒，每平方米床面用 10 克原药，配成 2～4 千克药液喷洒即可。

（3）溴甲烷　溴甲烷是相当有效的药剂，能有效地杀死大多数线虫等害虫、杂草种子和一些真菌。溴甲烷有毒害作用，并且是强致癌物质，施用时要严格遵守操作规程，使用时须向溴甲烷中加入 2% 的氯化苦以检验是否对周围环境有泄漏。施用时将营养土堆起，然后用塑料管将药液混匀喷注到营养土上。用量一般为每立方米营养土 100～150 克。混匀后用薄膜覆盖密封 5～7 天，使用前要晾晒 7～10 天。

4. 注入消毒

氯化苦（硝基三氯甲烷）为液体，能有效地防治线虫等害虫、一些杂草种子和具有抗性的真菌等，用注射器施用。一般先将营养土整齐堆放 30 米厚，然后每隔 20～30 厘米向基质内 10～15 厘米深处注入氯化苦药液 3～5 毫升，并立即将注射孔堵塞。一层营养土放完药后，再在其上铺同样厚度的一层营养土打孔放药，如此反复，共铺 2～3 层。也可每立方米营养土中施用 150 毫升药液，最后覆盖塑料薄膜，使营养土在 15～20℃ 条件下熏蒸 7～10 天。营养土使用前要有 7～8 天的风干时间，以防止直接使用时危害作物。氯化苦对活的植物组织和人体有毒害作用，施用时务必注意安全。

第二节
蔬菜种子

蔬菜种子泛指所有的播种材料。农业生产中，因蔬菜植株的种类不同和播种材料的形态不同，其种子可分为以下五类。

第一类是真正的种子，是由胚珠直接发育而成的种子，又称真种子（图 2-4），如白菜种子、番茄种子、辣椒种子等。

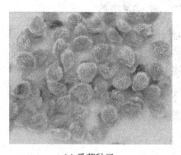
(a) 番茄种子

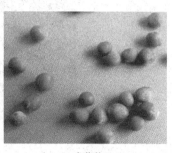
(b) 白菜种子

图 2-4　真种子

第二类种子属于果实（图 2-5），是由子房发育而成的繁殖器官。作为播种材料的果实是类似种子的干果。某些作物的干果，成熟后开裂，可以直接用果实作为播种材料。如胡萝卜果实、芹菜果实和菠菜果实等。

第三类种子属于营养器官。由植株营养体的部分作为播种材料，如马铃薯（图 2-6）、洋葱、大蒜的鳞茎、藕等。这些蔬菜作物有的虽也能开花结实，但在生产上一般均利用其营养器官进行繁殖，以发挥其特殊的优越性。一般在进行杂交育种等少数情况时，才用种子作为播种材料。

(a) 胡萝卜果实

(b) 菠菜果实

图 2-5　果实

图 2-6   营养器官（马铃薯）

第四类则为真菌的菌丝组织（图 2-7）。如蘑菇等食用菌通过组织分离或孢子分离获得纯的菌丝体作为繁殖材料进行扩大繁殖，然后用于生产栽培。

图 2-7   菌丝组织

第五类为人工种子，又称人造种子，是细胞工程中最年轻的一项新兴技术。人工种子就是把用植物组织培养出来的胚状体或芽，包在含有营养物质并有保护功能的凝胶胶囊中，使其保持种子的机能，直接用于播种，在适宜条件下能与自然种子一样出苗。人工种子主要包括胚状体、人工胚乳和人工种皮（图 2-8）。胚状体是植物人工种子的繁殖体（活体部分），相当于天然种子的胚，因此它是人工种子的核心构件，可分为体细胞胚和非体细胞胚两大类。非体细胞胚包括不定芽、腋芽、茎芽段、原球茎、发根及愈伤组织等。

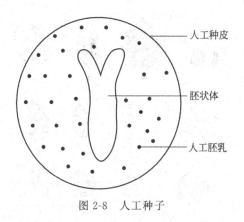

图 2-8 人工种子

一、蔬菜种子的形态与结构

1. 种子的形态

因蔬菜种类、品种不同，其种子的形态也不尽相同。

由胚珠或子房发育而成的种子的外部形态特征是鉴别蔬菜种类、判断种子品质和种子新陈的重要依据。种子的形态特征包括种子的外形、大小、色泽、斑纹、表面光洁度、毛刺、蜡质、沟棱、突起物等（图 2-9）。一般不同的蔬菜种类之间其形态特征差异较大，如甘蓝类、茄果类、瓜类、豆类、葱蒜类等，不论是在种子形状，还是色泽、大小、斑纹等方面都有很大的差异。而某些蔬菜种类内的种或亚种之间其形态特征差异较小，如甘蓝类中的白菜和甘蓝的种子，其形状大小、色泽均相近，但白菜种子球面具有单沟，甘蓝种子球面具有双沟。成熟的种子饱满，色泽较深，具有蜡质；幼嫩的种子则色泽浅、皱瘪。新种子色泽鲜艳，具有香味；陈种子则色泽灰暗，具有霉味。种子的形状、颜色、斑纹、沟棱等在遗传上是相当稳定的性状，而种子的大小很容易变化。种子的大小可用千粒重或 1 克种子的粒数来表示。种子的大小与营养物质的含量有关，对胚的发育也有重要的作用。

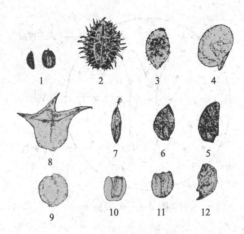

图 2-9 蔬菜的种子

1—芹菜种子；2—胡萝卜种子；3—番茄种子；4—甜椒种子；

5—韭菜种子；6—大葱种子；7—结球莴苣种子；8—刺籽菠菜种子；

9—圆籽菠菜种子；10—结球甘蓝种子；11—白菜种子；12—洋葱种子

种子的大小还关系到播种技术、播种质量、播种后出苗的难易，以及幼苗生长发育的速度。只有饱满的新种子，在适宜的条件下，才能发芽且生长良好。

2. 种子的结构

种子是由受精胚珠发育而成的，一般由种皮、胚和胚乳三部分组成。

种皮是把种子内部组织与外界隔离开来的保护结构。真种子的种皮是由珠被形成的；属于果实的种子，所谓的"种皮"主要是由子房壁所形成的果皮，而真正的种皮在发育过程中成为薄膜，或受挤压而破碎，黏附于果皮的内壁而与果皮混成一体。种皮的细胞组成和结构，是鉴别蔬菜种与变种的重要特征之一，也决定了育苗过程中种子吸水的速度。种皮透水容易的有十字花科、豆科蔬菜及番茄、黄瓜等蔬菜的种子；透水较困难的有伞形科蔬菜、茄子、辣椒、西瓜、冬瓜、苦瓜、葱、菠菜等蔬菜的种子。

胚由胚芽、胚轴、胚根和子叶组成。胚芽又称上胚轴，位于胚轴的上端，是地上部分叶和茎的原始体；胚轴连接胚芽和胚根，位于子叶的着生点以下，又称下胚轴；胚根是地下部分初生根的原始体；子叶是种胚的幼叶，能储存营养物质，双子叶植物的子叶还起着保护胚芽的作用（根据子叶的数量将植物分为单子叶植物、双子叶植物和裸子植物三大类）。

胚乳可分为外胚乳和内胚乳。绝大多数的有胚乳种子如番茄种子（图 2-10）、菠菜种子、芹菜种子的内胚乳是由受精卵发育而来的；有些种子在发育的过程中胚乳被吸收成为无胚乳种子（图2-11），营养物质储藏在子叶中，如瓜类、豆类种子。

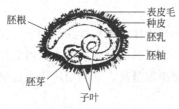

图 2-10　番茄种子

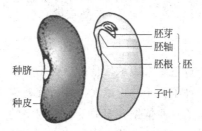

图 2-11　无胚乳种子（菜豆种子）

二、　蔬菜种子质量及鉴定

在粮食和蔬菜生产中，主要是利用种子播种进行繁育，因此种子质量的好坏直接关系到种植的成败。过去对种子质量的认识只停留在"好种出好苗，好苗产量高"的阶段。随着对种子研究的深入，对种子质量的认识也随之加深。现在人们已经认识到质量优和活力强的种子，不仅出苗整齐、抗逆性强、幼苗健壮，而且增产潜力大，是达到丰产和优质目的的保证。尤其是机械化、自动化作业，对种子质量的要求更高，种子质量的问题尤显重要。

种子质量广义上是种子品质，包括种子的品种品质和播种品质。品种品质是指与遗传性状有关的品质，也就是种子的纯度和真实性等；播种品质是指种子播种后与田间出苗有关的品质，也就是种子的饱满度和发芽特性。蔬菜种子质量通常用以下指标鉴定。

1. 种子的纯净度

种子的纯净度是指样品中目标品种种子重量占供试种子样品总重量的百分数。种子纯净度的高低表示可利用的目标品种的种子数量的多少。纯净度越高，其利用价值也越高。计算种子纯净度公式如下：

$$种子的纯净度 = \frac{纯净的本品种种子重量}{样品重量} \times 100\%$$

2. 饱满度

通常用"千粒重"来表示，是衡量种子大小及饱满程度的指标。同一品种的种子，千粒重越大，种子就越饱满充实。千粒重也是估算播种量的重要依据。根据千粒重测定的结果，可以选取饱满粒大的种子，以保证幼苗生育健壮。

3. 发芽率

发芽率是指在一定数量的纯净种子中，发芽的种子占样品种子总量的百分数。测定发芽率可在垫纸的培养皿中进行，或者在沙盘、苗床进行，使发芽更接近大田条件而具有代表性。各种蔬菜种子的发芽率可分甲、乙二级，甲级种子要求发芽率达到 90%～98%；乙级种子要求达到 85% 左右。计算种子发芽率公式如下。

$$种子发芽率 = \frac{发芽种子粒数}{供试种子粒数} \times 100\%$$

4. 发芽势

发芽势是指在规定的天数内供试样本种子中发芽种子数量的百分数。它反映的是种子发芽的快慢和整齐度。规定的天数，瓜类、豆类、甘蓝类、根菜类为 3～4 天，葱、韭菜、菠菜、胡萝卜、芹菜、茄果类等为 6～7 天。种子发芽势的计算公式如下。

$$种子发芽势 = \frac{规定天数内发芽种子粒数}{供试种子粒数} \times 100\%$$

三、 种子寿命和储藏

(一) 种子寿命

种子寿命又叫发芽年限，是指在一定环境条件下种子保持发芽能力的年限。而农业种子寿命指的是种子生活力，即在一定条件下能保持 90% 以上发芽率的期限。种子寿命受遗传基因决定，同时与种子成熟度、种子收获及储藏条件等有密切关系，因此种子的寿命是相对的。掌握影响种子寿命长短的关键因素，创造适宜的环境条件，控制种子自身状态，使种子的新陈代谢处于最微弱的程度，可延长种子寿命；反之可缩短种子寿命。根据种子生活力的长短，可将种子分为短命种子、中命种子和长命种子。

1. 长命种子

寿命在 15 年以上的，有蚕豆、绿豆、紫云英、豇豆、小豆、甜菜、丝瓜、南瓜、西瓜、茄子、白菜、萝卜等蔬菜的种子。

2. 中命种子

寿命在 3～15 年的，有油菜、大豆、豌豆、菜豆、菠菜等蔬菜的种子。

3. 短命种子

寿命在 3 年以下的，有大葱、洋葱、韭菜、胡萝卜、芹菜、鸭儿芹等蔬菜的种子。

一般储藏条件下主要蔬菜种子的寿命和使用年限见表 2-1。

表 2-1　一般储藏条件下主要蔬菜种子的寿命和使用年限

蔬菜名称	寿命/年	使用年限/年	蔬菜名称	寿命/年	使用年限/年
大白菜	4～5	1～2	番茄	4	2～3
结球甘蓝	5	1～2	辣椒	4	2～3
球茎甘蓝	5	1～2	茄子	5	2～3
花椰菜	5	2	黄瓜	5	2～3
芥菜	4～5	1～2	南瓜	4～5	2～3
萝卜	5	1～2	冬瓜	4	1～2
芜菁	3～4	1～2	瓠瓜	2	1～2
根芥菜	4	1～2	丝瓜	5	2～3
菠菜	5～6	1～2	西瓜	5	2～3
芹菜	6	2～3	甜瓜	5	2～3
胡萝卜	5～6	2～3	菜豆	3	1～2
莴苣	5	2～3	豇豆	5	1～2
洋葱	2	1	豌豆	3	1～2
韭菜	2	1	蚕豆	3	2
大葱	1～2	1	扁豆	3	2

（二）种子的储藏

种子收获后一般都不会立即播种，特别是商品种子往往需要储藏一段时间，因此在储藏期间保证种子的生活力是保证农业生产的必要措施。在储藏过程中，影响种子生活力的因素有很多方面。一般情况下，种子应该储藏在干燥、低温、密闭的条件下，防止酶的活动及物质的分解，以维持其生活力，延长种子寿命和使用年限。如若种子处于高温、高湿和有氧的条件下，其呼吸作用旺盛，将加速储藏营养的分解消耗以及产生大量的热，从而造成种子变质霉烂。如果种子处于高温、高湿和缺氧的条件下，种子被迫进行较强的无氧呼吸，造成有毒物质的积累，从而导致种子中毒以及失去发芽力。种子储藏要求种子本身成熟度好，颗粒饱满，种皮完好。含水量在 $8\%\sim12\%$ 时，应保持一定的低温（10℃以下），如在室温的条件下则要求干燥。此外，种子收获、脱粒、干燥、加工和运输过程中，如果处理不当，以及储藏过程中的病虫害，也都会对储藏种子的生活力造成一定的影响。种子储藏方法如下。

1. 大量种子储藏

大量蔬菜种子储藏可用编织袋包装，根据品种的分类分别堆垛，高度不可超过 6 袋，细小的种子不可超过 3 袋。为了通风方便，一般可在堆下放置垫板，并且需要及时倒包翻动，以免底层种子被压扁压伤。若有条件，可采用低温库储藏，有利于保持种子的生活力。

2. 少量种子储藏

（1）低温防潮储藏　可将已经清洗过且含水量低于一般储藏水分含量的蔬菜种子放入密闭容器或铝箔袋、塑胶袋中低温干燥储藏。若是少量种子散装储藏，可将其晒干冷凉后装入纸袋内，并放入干燥剂，再一并放入提前准备好的罐中，在维持温度8℃、水分含量8%的条件下即可储藏较长时间。

（2）干燥器储藏　少量价格昂贵的种子，可将其放入纸袋后放在干燥器内储藏。一般干燥器可使用玻璃瓶、塑料瓶、铝罐等，在底部放置干燥剂如生石灰、干燥的草木灰或木炭等。放入种子后密封，存放在阴凉干燥处，即可安全储藏较长时间，但是每年需要晒种 1 次，并更换干燥剂。

　　（3）整株或带荚储藏　有一些成熟后不自行开裂的短角果如萝卜、辣椒等蔬菜的种子，可整株拔起风干挂藏；一些长荚果如豇豆，可连荚采下，捆扎挂于阴凉通风处风干。但此种方法易受病虫害的影响，并且保存时间短。

3. 包衣种子储藏

　　种子经包衣处理后，可防止病虫害侵害，应注意防止吸湿回潮。

4. 种子的预浸处理

　　种子的预浸处理是指将种子浸泡在低水势的溶液中完成其发芽前的吸收过程。可以用渗透调节物质将水势调整至某个水平，使种子内的水分达到平衡，种子既不能继续吸水，也不能发芽。经过处理后的种子，在常温下被干燥回原来的含水量再进行储藏。经预处理的种子播种后发芽明显比未处理的快。

　　总之，在良好的条件下，蔬菜种子一般可储存十余年而不影响其发芽。但在一般储存条件下，种子的寿命一般在 1～5 年，使用适期不超过 3 年。为了防止种子退化，可对干燥种子进行低温或超低温处理后储藏，利用化学干燥剂亦可延长种子寿命和使用年限。在种子干燥前进行 5 分钟或 18～24 小时的预浸处理可防止种子退化，在储藏期间对种子进行预浸处理可延长其寿命，并使其在之后的储藏中维持更高的活力。

四、 蔬菜种子的发芽特性

（一）种子发芽过程

　　种子发芽过程是指在适宜的温度、水分和氧气条件下，种子内的胚器官利用所储藏的营养进行生长的过程。

　　种子发芽过程分为吸胀、萌动和发芽三个阶段。

　　种子吸胀阶段又分为两个阶段：第一，初始阶段，依靠种皮、珠孔等结构机械吸水，吸收的水分主要达到胚的外围组织，即营养储藏组织，而吸收的水量只及发芽所需的 1/2～2/3；第二，完成阶段，依靠种子胚的生理活动吸水，吸收的水分主要供给胚的活动。应当指出，死的种子也能借种皮的吸胀作用而机械吸收水分，但因胚已死亡，胚部不能吸水。在吸水初始阶段，影响吸水的主要因素是温度；在吸水完成阶段，除温度外，氧气也是其主要影响因素。

种子吸胀后，原生质由凝胶状态变为溶胶状态，酶开始活动，种子开始萌动。在一系列复杂的生理、生化变化后，胚细胞开始分裂，伸长生长，进而胚根伸出发芽孔，俗称"露白"或"破嘴"（图 2-12）。

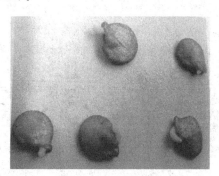

图 2-12　辣椒种子露白

萌动后种子开始发芽。蔬菜幼芽的出土有两种情况：一是子叶出土（图 2-13），如甘蓝类、瓜类、根菜类、绿叶菜类、茄果类、豆类中的豇豆和菜豆等蔬菜的种子，其萌发穿土力较弱；二是子叶不出土（图 2-14），如蚕豆、豌豆等蔬菜的种子，其萌发穿土力较强。

（二）种子发芽的条件

1. 充足的水分

水是种子发芽所需要的重要条件。发芽时首先发生的过程是

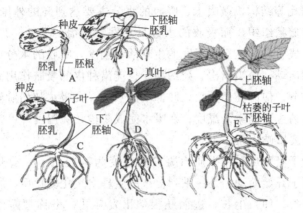

图 2-13　子叶出土

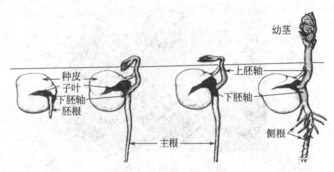

图 2-14　子叶不出土

吸收水分。水是种子幼胚发芽时所需要的一切营养物质（包括酶类和植物激素）的活化基础，以及传送它们的媒介或载体。在吸收水分的同时，发生着强烈的呼吸作用，吸收氧气，释放二氧化碳及热量。种子吸水的生理作用如下。

①　使种皮变软开裂，胚及胚乳吸胀。

②　种皮适度吸水使透气性增加而有利于胚细胞在呼吸过程中吸收氧气和排出二氧化碳。

③　原生质由凝胶状态变成溶胶状态，一切束缚态的生长刺

激物质变成游离态的，酶活化起来，从而增强了胚的代谢活动，促进原生质的流动。

2. 适宜的温度

不同蔬菜种子的发芽适温不同，各自都有其发芽的最低、最高及最适温度（表 2-2）。蔬菜种子在适宜温度范围内发芽迅速，发芽率高。随温度增高，发芽的速度亦增快，但发芽率会降低。发芽温度过高或过低都会使发芽速度减缓，发芽率降低。

蔬菜种子在开始出土后的 1～2 天出苗率可达到 70%～80%，土温越适宜，集中出土时间越短。

表 2-2 蔬菜种子发芽要求的温度

蔬菜种类	最低温度/℃	最适温度/℃	最高温度/℃
番茄	11	25～30	35
茄子	15	25～30	35
辣椒	15	25～30	35
黄瓜	15	25～30	40
南瓜	15	25～30	35
冬瓜	20	30	35
葫芦	15	25～30	35
茼蒿	10	15～20	35
大葱	4	15～25	33
韭菜	4	15～25	33
萝卜	4～6	15～35	35
胡萝卜	5～7	15～25	30～35
菜豆	5	25～30	35
芹菜	5～8	10～19	25～30
白菜	4	15～25	35
甘蓝	4	15～30	35
莴苣	0～4	15～20	30
芫荽	0～4	20～25	30

3. 足够的氧气

休眠状态的种子，呼吸作用微弱，需氧很少。氧气是种子发芽所需的重要条件。通过氧化作用，大分子化合物转化为小分子化合物，可提供生育的能量。

当种子在一定温度下吸水膨胀后，需氧量急剧增加。种子萌发期间，如果氧气不足，则新陈代谢失调，就会产生和积累乙醇等有毒物质，造成种子麻痹。缺氧是造成烂籽的主要原因。种子发芽对氧的要求与温度有关，温度低，则氧气含量可较低；温度高，则氧气含量应高些。

4. 光照

虽然将蔬菜种子播种后，在满足温度、水分和氧气的条件下，一般都可出芽，但是不同蔬菜种子发芽对光照的反应是有差异的。

（1）需光种子　这类种子在黑暗条件下不能发芽或发芽不良，正常发芽需要一定的光照，如莴苣、芹菜、胡萝卜等蔬菜的种子。

（2）嫌光种子　这类种子要求在黑暗条件下发芽，如茄果类、瓜类和葱蒜类蔬菜种子。

（3）中光型种子　这类种子有无光照均能发芽，如藜科和豆科的部分蔬菜和萝卜等蔬菜的种子。

一些化学药品处理可代替光的作用。如用0.2％硝酸钾溶液处理，可减少一些需光种子对光的需求；100毫克/升赤霉素处理可起到代替红光的作用。

第三节
播种前种子的处理

蔬菜种子播前处理是为了去除种子表面的病菌。很多蔬菜病害是由于种子感染了病原菌而导致苗期或定植后发病。播种前进行种子消毒，同时应用其他物理及化学的方法进行种子处理，可以确保蔬菜种子迅速发芽，出苗整齐，幼苗生长健壮，从而提高播种质量，促进早熟。

一、 种子的休眠和打破办法

休眠：种子在温、水、气、光条件适宜下，还存在发芽受阻碍的现象。常见的有马铃薯、菠菜、黄瓜和胡萝卜等蔬菜的种子。

一些种子或果实中含有抑制类物质，如氢氰酸、氨、乙烯、芥子油、有机酸等，主要存在于种皮或果皮中。这些物质可抑制种子的发芽。可通过加热、加温来加快有毒物质的分解；化学物质（如赤霉素）处理去除有害物质。一些种子的种皮、果皮坚硬，或有蜡质，不透气，引起休眠，可通过摩擦破碎或开水烫种，水温可达 100℃。一些种子的胚未完全成熟，需待其成熟。一些种子硬实（铁豆子），过于干燥，蛋白质含量高，蛋白质硬化，这种情况多数是不可逆的，只能放弃。

二、 种子的浸种催芽

浸种催芽是蔬菜生产中经常应用的种子处理方法。浸种催芽能够缩短蔬菜出苗期，确保出苗整齐，为培育健壮的秧苗打下基础。但如不能熟练掌握浸种催芽技术，会出现烫坏种子、烤芽、霉烂、出芽不齐等问题，从而贻误适宜播期，影响出苗率与秧苗的整齐度。

（一）浸种

浸种是指在适宜水温和充足水量的条件下，促使种子在短期内充分吸胀的措施。浸种水量一般为种子量的 4～5 倍，浸种时间因蔬菜的种类及种子质量和浸种方法不同而有所差异（表 2-3）。一般瓜类中的黄瓜、西葫芦、南瓜等蔬菜的种子浸种时间较短，冬瓜、西瓜、丝瓜、苦瓜等蔬菜的种子浸种时间较长；茄果类中番茄种子浸种时间较短，茄子和辣椒种子浸种时间较长；芹菜、胡萝卜、菠菜的种子浸种适宜时间达 24 小时以上；莴苣种子浸种时间为 7～8 小时；十字花科蔬菜的种子浸种时间在 4～5 小时；豆类蔬菜的种子浸种时间在 4 小时以内，现一般浸种 1～2 小时。浸种时间过长，种子内养分消耗多，影响种子出苗。浸种时间超过 8 小时时，应每隔 5～8 小时换水 1 次。

表 2-3   主要蔬菜种子浸种和催芽的时间温度

蔬菜种类	浸种时间/小时	适宜催芽温度/℃	催芽时间/天
番茄	6～8	25～27	2～4
茄子	24～36	30 左右	6～7
辣(甜)椒	12～24	25～30	5～6
油菜	2～4	20 左右	1.5
菜花	3～4	18～20	1.5
甘蓝	2～4	18～20	1.5
球茎甘蓝	3～4	18～20	1.5
菠菜	10～12	15～20	2～3
茼蒿	8～12	20～25	2～3
芹菜	36～48	20～22	5～7
香菜	24	浸种后播种	—
茴香	8～12	浸种后播种	—
芫荽	2～4	浸种后播种	6～7
莴笋	3～4	20～22	—
洋葱	12	浸种后播种	—
大葱	12	浸种后播种	—
韭菜	12	浸种后播种	
黄瓜	4～6	25～30	1～2
南瓜	6	25～30	2～3
丝瓜	24	25～30	4～5
冬瓜	2～4	28～30	6～8
苦瓜	2～4	30 左右	6～8

注：冬瓜、茄子种子应搓洗 2～3 次，搓掉黏液，然后浸泡种子；豆类种子一般不浸种；菠菜、茴香、芫荽等蔬菜的种子浸种前应搓开种皮（果皮）。

浸种根据水温可分为一般浸种、温汤浸种和热水烫种。

1. 一般浸种

一般浸种是指用常温水浸种，只有使种子吸胀的作用。一般浸种的水温为30℃左右，适于种皮薄、吸水快的种子，如白菜、甘蓝、豆类等蔬菜的种子。

2. 温汤浸种

温汤浸种具有消毒、增加种皮透性和加速种子吸胀的作用。温汤浸种分为以下两步：

（1）温烫　温汤浸种所用水温为大多数病菌致死温度50～55℃，即用两杯开水兑一杯凉水进行烫种，保持恒温10～15分钟，用水量为种子的5～6倍，其间不断进行搅拌，可杀死种子表面的病菌，防治病害传播。

（2）浸种　当水温降至室温即20～25℃时进行一般浸种，吸胀浸泡的时间因蔬菜种类不同而有所差异。

3. 热水烫种

热水烫种有着与温汤浸种相似的作用。

水温为70～85℃，即用三杯开水兑一杯凉水浇烫种子，并用两个容器反复倾倒使水温快速降至55℃，改为温汤浸种；温烫7～8分钟，再进行一般浸种。热水烫种可迅速软化种皮，用于种皮厚、吸水难的种子，如西瓜、冬瓜、苦瓜、茄子等蔬菜的种子。此外，此法具有较强的杀菌力，可起到消毒作用。浸种时间根据蔬菜种类确定，一般甘蓝类蔬菜种子为2～4小时，瓜类中的黄瓜、西葫芦、南瓜的种子为8～12小时；苦瓜、瓠瓜、蛇瓜、冬瓜的种子为24小时，菜豆种子为2～4小时；芹菜、辣椒、茄子的种子为14～16小时。

（二）催芽

催芽就是将吸水膨胀的种子置于适宜条件下，促使种子迅速而整齐地一致萌发的过程。

催芽的一般方法：将浸泡好的种子甩去多余的水分，呈薄层状摊开放在铺有一两层潮湿清洁纱布或毛巾的种盘上，上面再盖潮湿布或毛巾，然后将种盘放置于适宜温度的恒温培养箱中催芽，直至种子露白。在催芽期间，每天应用清水淘洗种子一两次，目的是除去黏液、呼吸热，补充水分；并将种子上下翻倒，以保证种子萌动期间有充足的氧气供给，以便发芽整齐一致。

蔬菜种子还可进行层积催芽，是指将吸足水的种子与沙子按1∶1混拌进行催芽。沙子的湿润程度以湿沙"捏之成团，落地即散"为宜。

三、 种子的物理处理

物理处理的主要作用是通过温度处理提高发芽势及出苗率、增强抗逆性等。

1. 变温处理

变温处理是指把萌动期的种子（连布包），先置于-1~5℃经12~18小时（喜温菜温度应取高限），再置于18~22℃经6~12小时。如此经过1~10天或更长的时间。低温用以控制幼芽伸长，节约养分消耗和使原生质的胶体性质发生变化；高温为了促进养分分解和保持种子的活力。处理过程中应保持种子湿润，防止种子脱水干燥。处理天数，黄瓜1~4天，茄果类、喜凉菜类1~10天。变温处理可提高种胚的耐寒性。

2. 干热处理

在高寒地区，蔬菜种子特别是喜温蔬菜种子不易达到完全成熟，经过暖晒处理，有助于促进后熟作用。黄瓜和甜瓜种子经4小时（其中间隔1小时）50~60℃的干热处理，增产分别为39%和23%；番茄种子经短时间干热处理提高发芽率12%。

3. 机械处理

有些种子因种皮太厚，需要播前进行机械处理才能正常发芽，如对胡萝卜、芫荽、菠菜等种子播前应搓去刺毛，磨薄果皮；苦瓜、舌瓜种子催芽前嗑开种喙。这些措施均有利于种子的萌发和迅速出苗。

4. 抗旱处理

抗旱处理是指在播种前在一定条件下进行浸种，然后晾干至种子原含水量，再让其吸水萌发。此种处理可提高作物的抗旱能力，如番茄种子的处理，以种子和水分之比为 1∶2，种子吸水量为风干种子重的 63%～65%，处理 36～48 小时为宜。

四、 种子的化学处理

化学处理具有打破休眠、促进发芽、增强抗性和种子消毒等作用。

（一）打破休眠

双氧水、硫脲、硝酸钾和赤霉素可打破种子休眠。如黄瓜种子用 0.3%～10%的双氧水浸泡 24 小时，可显著提高刚采收的种子发芽率和发芽势。0.5～1 毫克/升赤霉素处理马铃薯可打破休眠，在生产中应用广泛。用硫脲或赤霉素处理可以打破芹菜、莴苣的热休眠。用双氧水处理后再进行变温处理，可以打破茄子种子的休眠。

（二）促进发芽

25%聚乙二醇处理甜椒、辣椒、茄子、冬瓜等发芽困难的蔬菜种子，可在较低温度下使种子出土提前，出土百分率提高，而且幼苗健壮。用 0.02%～0.1%硼酸、钼酸铵、硫酸铜、硫酸锰等浸种，可促进种子发芽及出土。

（三）种子消毒

用种子消毒的方法有很多种，如高温灭菌、药粉拌种、种子包衣和丸粒化、药水浸种、微量元素处理等。

1. 高温灭菌

结合浸种，利用 55℃ 以上的热水进行烫种，杀死种子表面和内部的病菌；或将干燥（含水量低于 2.5%）的种子置于 60～

80℃的高温下处理几小时至几天，以杀死种子内外的病原菌和病毒。

2. 药粉拌种

将药粉和种子拌在一起，种子表面附着均匀的药粉，以达到杀死种子表面的病原菌和防止土壤中病菌侵入的目的。拌种的种子和药粉都必须是干燥的，否则会引起药害和影响种子着药的均匀度，用药量一般为种子质量的0.2%～0.3%，药粉需精确称量。操作时先把种子放入罐内或瓶内，加入药粉，加盖后摇动5分钟，可使药粉充分且均匀地粘在种子表面。常用的杀菌剂有五氯硝基苯、克菌丹、70%敌克松、50%福美双、多菌灵等；杀虫剂有90%敌百虫粉等。

3. 种子包衣和丸粒化

种子包衣是指利用黏着剂或成膜剂，将杀菌剂、杀虫剂、除草剂、微肥、植物生长调节剂、着色剂等非种子材料包裹在种子外面，使种子基本保持原有形状。种子包衣后在土壤中遇水只能吸胀而几乎不被溶解，可控制药剂和营养物质的释放速度，从而延长持效期，同时可提高植物的抗逆性、抗病性，加快发芽，促进成苗，增加产量，提高质量。

种子丸粒化与种子包衣相类似，只是种子包衣后成圆球形。丸粒化有利于机械精量播种。制成的丸粒化种子具有一定的强度，不易破碎，而且播种后有利于种子吸水萌动，提高对环境的抗逆性。

4. 药水浸种

采用药水浸种要严格掌握药水浓度和消毒时间。一般先把种子在清水中浸泡5～6小时，然后浸入药水中，按规定时间消毒。捞出后，立即用清水冲洗种子，即可播种或催芽后播种。药水浸种的常用药剂及方法如下。

① 福尔马林（即40%甲醛），先用其100倍水溶液浸种子15～20分钟，然后捞出种子，密闭熏蒸2～3小时，最后用清水

冲洗。此方法适合黄瓜、茄子、菜豆等，能防治瓜类枯萎病、茄子黄萎病及菜豆炭疽病。

② 1%硫酸铜水溶液浸种子5分钟后捞出，用清水冲洗，可防治番茄的黑斑病等。

③ 10%磷酸三钠或2%氢氧化钠的水溶液，浸种15分钟后捞出洗净，有钝化番茄花叶病毒的效果。

④ 多菌灵浸种。用50%多菌灵500倍液浸白菜、番茄、瓜类种子1～2小时后捞出，清水洗净催芽播种，可防治白菜白斑病、黑斑病、番茄早（晚）疫病、瓜类白粉病。

⑤ 高锰酸钾溶液浸种。用高锰酸钾液浸种10～30分钟，可减轻和控制茄果类蔬菜病毒病、早疫病。

5. 微量元素处理

微量元素是蔬菜正常发育的必要成分。微量元素是酶的组成部分，参与酶的活化作用。播前用微量元素溶液浸泡种子，可使胚的细胞质发生内在变化，使之长成健壮、生命力强、产量较高的植株。目前生产上应用的有0.02%的硼酸溶液浸泡番茄、茄子、辣椒种子5～6小时；0.02%硫酸铜、0.02%硫酸锌、0.02%硫酸锰溶液浸泡瓜类、茄果类种子，有促进早熟、增加产量的作用。

第四节
播种

一、　播种时间的确定

播种期的确定一般是从定植时间按某种蔬菜的日历苗龄向前推算，即为播种期。理论日历苗龄取决于蔬菜种类、栽培方式、育苗设施的性能、育苗方法和要求达到的苗龄等诸多因素。实际的日历苗龄除理论日历苗龄外，还应考虑分苗次数和定植前秧苗锻炼的天数等。分苗会对幼苗有一定的损伤，分苗后还有一定的缓苗期。缓苗期的长短主要取决于分苗方式和育苗设施性能,一般需要 3～5 天;设施性能差及处于天气多变的季节日历苗龄应增加 3～5 天;定植前秧苗锻炼处于环境胁迫下,幼苗生长缓慢的,一般需加 3～5 天的苗龄时间。因此选择适宜播期是培育适龄壮苗的一项重要措施。播种过早,苗龄太长,易形成老化苗;播种过晚,苗龄小,影响早熟和高产。耐寒的蔬菜(如甘蓝等)应当早育苗,而喜温的果菜类(如黄瓜、番茄等)可以晚育苗。同样都是喜温的果菜类,瓜类和番茄适于定植的苗龄比茄子、辣椒短。在育苗时,必须综合考虑蔬菜种类、适宜苗龄、栽培方式、育苗设施性能及育苗方法等影响因素,合理确定播种期,才能达到早熟、高产、优质、高效的栽培目的。

二、 播种量的确定

播种量是影响秧苗质量和育苗效率的重要因素。

播种时要正确掌握苗床播种量。播种量太大,会造成幼苗拥挤,细弱徒长,浪费种子和劳力;播种量太少,苗床利用率低,育苗成本高。一般发芽率 95％以上的种子,每亩(1 亩＝666.67 米^2)苗床的适宜播种量:茄子为 35～40 克,番茄为 20～30 克,辣椒为 80～110 克,甘蓝为 25～40 克,芹菜为 40 克,黄瓜为150～200 克,西葫芦为 30 克。如果种子发芽率低,应适当增加播种量。苗床单位面积播种量应根据蔬菜种类及播种方式而定。中小粒种子类蔬菜如茄果类、甘蓝类等,一般采用撒播法,可按每 10 厘米^2 3～4 粒种子播种。大粒种子蔬菜如豆类、瓜类,多采用容器点播,容器直径 8～12 厘米,每容器点播 1～3 粒种子。播种量确定原则:既要充分利用播种床,又要防止播种过密造成幼苗徒长。种子质量高、分苗晚,可适当稀播;反之应适当密播。

三、 播种技术

苗床播种要根据天气预报来确定具体的播种日期,争取播后有 3～5 天的晴天。播前应先浇透底水，以湿透床土 7～10 厘米为宜，浇水后薄薄撒一层细土，添平床面凹处。小粒种子多撒播，为保证种子均匀撒播在苗床上，可掺一些沙子或细土。瓜类、豆类种子多点播。瓜类种子应平放，不要立插种子，以防子叶带帽出土（图 2-15）。播后覆土，覆土厚度一般小粒种子 0.5～1 厘米，瓜类、豆类大粒种子 1～2 厘米。盖土太薄，床土易干，出苗时容易发生带帽出土；盖土过厚出苗推迟。若盖药土，应先撒药土，后盖床土。播后立即覆盖地膜进行保温保湿。

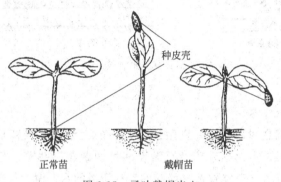

图 2-15　子叶戴帽出土

　　蔬菜育苗的播种技术（图 2-16）可分为撒播、点播和条播。

1. 撒播

　　一般生长期短、营养面积小的速生菜类（如小白菜、油菜、菠菜、小萝卜等）以及番茄、茄子、辣椒、结球甘蓝、花椰菜、莴苣、芹菜等小粒种子菜类进行撒播播种育苗。撒种要均匀，不可过密，撒播后用耙轻耙或用细土（或细沙）覆盖，厚度以盖住种子为度。此种方法较省工，但出苗量多、出苗不均匀、管理麻烦、苗生长细弱。

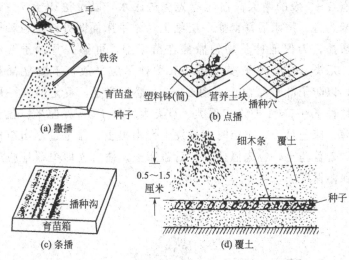

图 2-16 播种技术

2. 点播

点播也叫穴播。一般用于生长期的大型蔬菜（黄瓜、西葫芦、冬瓜、大白菜等）以及需要丛植的蔬菜（韭菜、豆类等）。穴播的优点在于能够造成局部的发芽所需的水、温、气条件，有利于在不良条件下播种而保证苗全苗旺。如在干旱炎热时，可以按穴浇水后点播，再加厚覆土保墒防热，待要出苗时再扒去部分覆土，以保证全苗。穴播用种量小，也便于机械化操作。育苗时，划方格切块播种和纸筒等营养钵播种均属于穴播。

3. 条播

一般用于生长期较长和营养面积较大的蔬菜（韭菜、萝卜等）以及需要深耕培土的蔬菜（马铃薯、生姜、芋头等）。速生菜（芫荽、茼蒿等）通过缩小株距和宽幅多行，也可进行条播。这种方式便于机械化的耕作管理，灌溉用水量少。一般开 5～10厘米深的条沟，沟底弄平，沟内播种，覆土填平。条播要求带墒播种或先浇水后播种盖土。幼苗出土后间苗。条播克服了撒播和点播的缺点，适宜大多数蔬菜播种。

第五节
苗期管理

秧苗的好坏，与播种后的管理有很大关系。播种后的管理是培育壮苗过程的关键。适宜的温度、水分、光照、养分及氧气更有利于幼苗的生长。

一、 环境条件的管理

1. 温度

提高苗床温度的目的在于使种子尽快生根出土，免得由于苗床温度低，迟迟不能出苗而导致烂种。为此，播完种之后，需覆地膜不使热量散失。如是温室，塑料薄膜要干净，让阳光充分透过薄膜，提高温度。晚上必要时要加盖草苫，一直到第二天上午气温上升时揭开。出苗前要求较高的床温，一般控制在 25～30℃，有利于出苗。但由于子叶出土到真叶出现的这段时间，组织幼嫩，向光性强，最易徒长。因此，一旦出苗，可采用放小风的办法，使苗床温度下降，防止徒长。有些作物如茄果类蔬菜，苗期要移植，为了促进幼苗移植后早生根、早缓苗，要求在移植后密封温室提高床温。缓苗之后，还要通风，降低床温，以免幼苗徒长。

定植前的 5～7 天，要采用大通风的办法，降低温度，锻炼秧苗，让苗周围环境尽量接近自然环境，增强幼苗的抗寒能力，提高幼苗的适应性和定植后的成活率。

苗期的温度管理，还要根据幼苗的不同阶段、天气的阴晴、昼夜的不同而有所差异，可参照表 2-4 灵活掌握。

表 2-4　主要蔬菜温度管理表　　　　　　　　℃

蔬菜种类	播种至出苗	出苗后白天	出苗后夜间	移苗至缓苗前	缓苗后白天	缓苗后夜间
黄瓜	25～30	20～25	15～18	26～28	20～25	15～18
茄子	25～30	20～22	15～16	28	20～25	15～18
青椒	25～30	20～22	15～16	28	20～25	15～18
番茄	25～28	18～20	10～12	25	18～25	15
甘蓝	20～22	17～20	8～10	18～22	18～25	10～15
芹菜	20～22	17～20	8～10	18～22	18～25	10～15

2. 光照

　　整个育苗期间，都要创造良好的光照条件，以满足幼苗生长的需要。特别是在温床育苗时，每天揭帘之后，要使塑料薄膜保持干净，这样既能提高床温，又能使秧苗得到充足的光照，使幼苗健康生长。幼苗出齐或缓苗后，随着天气逐渐转暖，草帘应早揭晚盖，增加光照时间。

3. 水分

　　苗期的水分管理有控制和促进生长、调节长势的作用，可以看成是调整幼苗质量的手段，是苗期管理的一项重要内容。苗期的耗水量较小，特别是幼苗生长在苗床里，不能像露地那样漫灌，只能用喷壶洒水。浇水要根据苗的生长状况和天气状况进行。一般选晴天上午浇水，阴天或温度低时不浇水，这样可以保证有充足的时间恢复床温、蒸发掉叶面上的水滴、降低湿度，减少苗期病害。每次浇水要浇透，防止床土出现夹干层，有时由于床面干湿不匀，可根据不同情况区别对待。通常床北沿由于温度高蒸发量大，易干燥，可多浇水，床南沿则可少浇水。一般床土干燥，幼苗出现打蔫现象，或虽未出现萎蔫现象，但苗色老干（黑绿），长势不旺，便可以浇水。苗期浇水次数不宜过多。幼苗出土和缓苗后，要降低温度，除非特殊干旱，不宜任意浇水。浇水一般多在育苗后期进行。除了普遍浇水外，后期发现个别地方苗小、缺水，可适当补点水，少通风，催苗生长；大苗的地方不浇水，多通风，控制苗生长。促控结合，可使幼苗整齐一致。有条件的地方，可结合浇水，在清水中放入 0.1% 的化肥（如硝酸铵、过磷酸钙等），结合根外追肥，一并进行。浇水后要注意加大通风，排除湿气。

4. 通风换气

通风换气通常指苗床管理期间放风降温。通过放风，使床内的热气散失，降低床温，控制苗的徒长，从而培育出苗壮的幼苗。放风时间的早晚、长短，要根据天气和苗的大小而定。一般晴天可早放风、大放风、长时间放风，阴天则小放风、短时间放风。苗大，可大放风，苗小，要小放风，时间也缩短。前期放风量要小，后期放风量可大些。风大小放，风小可大放。放风口要顺风开，北风开南风口，西风开东风口等。

温室放风可用开天窗、地窗的办法进行放风。定植前 5~7 天，可通过开温室北侧的小窗形成过堂风，锻炼幼苗。

一天之中，也应随着温度的变化适当通风。正常时，早晨应在温度达到 4℃ 以上时揭除覆盖物（如草帘子等）。上午 9~10 点开始放风。中午前后若外温达到 20℃ 以上，可完全揭除覆盖物。下午 2 点以后，要随温度下降把放风口由大变小，5 点左右可盖上草帘。若夜间外温在 10℃ 以上，可不必盖草帘子，在 15℃ 以上则可整夜放风。

用塑料小拱棚育苗时，其温度变化剧烈。用小拱棚育苗，注意天气和棚内温度的高低变化，随时揭开塑料薄膜进行通风。否则稍有疏忽，就会出现烤苗的现象。

5. 追肥与松土

蔬菜苗期的营养，主要由床土供应。为了弥补养分的不足，往往要在苗期进行追肥。尽管苗期需肥量较小，但苗期追肥仍然是很必要的。由于苗期幼苗的根量较少，一般不采用根际追肥，而用叶面追肥。追肥可分 2 次进行，第一次在幼苗第二片真叶展开时，第二次在定植前 5～7 天进行。追肥可结合浇水同时进行。苗期追肥多追施磷肥，即追施过磷酸钙，也可追施硝酸铵，其浓度一般控制在 0.1％以下。选晴天的上午，均匀地洒在苗上。浓度较大时，可在喷完肥料水之后，再立刻喷洒 1 次清水冲洗叶面，防止出现伤害。

　　育苗期间，如发现床土过分板结或湿度过大，可以松土，加速水分蒸发提高地温，促进根系发育。苗期松土深度较浅，一般 1～2 厘米。松土和拔除苗床内杂草可以同时进行。松土后，可再在床面上覆 0.5～1 厘米的土，之后浇水，使之与床土结合，促进侧根发育。

二、分苗

　　分苗是育苗过程中的移植，也称倒苗。分苗是为了加大幼苗的株行距，扩大营养面积，防止幼苗拥挤，改善株间通透条件，防止苗间相互争夺水分、养分、光照，形成徒长苗。分苗时通过切断部分幼根会促使更多的新根发生，这样就可以减少定植时伤根过多，有利于缓苗。

（一）分苗技术

1. 分苗技术

　　分苗前 3～4 天通风降温和控水锻炼，提高其适应能力。分苗前 1 天浇透水，以利起苗。分苗宜在晴天。分苗深度一般以子叶节与地面平齐为度，子叶脱落苗和徒长苗可适当深播。辣椒苗、茄子苗应栽浅一些；西红柿苗、黄瓜苗以及徒长苗可适当栽深一些。茄果类、瓜类也可直接分苗于口径 8～10 厘米的营养袋内，效果更好。注意分苗多带土，少伤根，保护好茎叶，有利于缓苗。一般甘蓝类在 3 片真叶期进行分苗，莴苣类 3～4 片叶，茄子 1～2 片叶，辣椒 3 片叶，番茄 2 片叶，瓜类在子叶展开时分苗效果好。

2. 分苗方法

分苗的方法有开沟分苗、切块分苗、容器分苗。

开沟分苗：分苗床开浅沟（5～8厘米）—沟内浇足水—水渗后摆苗—覆土并扶直幼苗。此法分苗速度快，缓苗效果好，护根效果差。

切块分苗：苗床内装床土—浇透水—水渗后用刀切成方块—中间用木棒或粗竹竿打孔—栽苗—覆土。

容器分苗：容器装土—浇透水—中间用木棒或粗竹竿打孔—栽苗—覆土。

3. 分苗原则

早分苗，少分苗。一次点播，营养面积足够的可不分苗。分苗虽可刺激侧根的发生，但对幼苗有创伤，苗越大，分苗伤害就越大。瓜类一般不分苗，即使分苗，也应在子叶期分苗。茄果类最晚在花芽分化前完成。

分苗时所需的营养面积大小取决于成苗大小、单叶面积大小和叶开张度等因素。一般分苗时的距离：甘蓝类6～8厘米，茄果类8～10厘米，瓜类10～12厘米。

（二）分苗后的管理

缓苗期：一般为3～5天，原则是高温、高湿和弱光照。也就是分苗后苗床密闭保温，创造一个高温高湿的环境来促进缓苗。缓苗前不通风，如中午高温秧苗萎蔫，可适当遮阴。4～7天后，幼苗叶色变淡，心叶展开，根系大量发生，标志着已缓苗。

成苗期：分苗缓苗后到定植前为成苗期。此期生长量占苗期总量的95%，其生长中心仍在根、茎、叶，同时果菜类又有花器形成和大量的花芽分化。此期要求有较高的日温，较低的夜温、强光和适当肥水，避免幼苗徒长，促进果菜类花芽分化，防止温度过低造成叶菜类未熟抽薹。

1. 温度管理

喜温蔬菜的适温指标为白天温度 25～30℃、夜温 15～20℃，喜凉蔬菜白天温度 20～22℃，夜温 12～15℃。应保持 10℃左右的昼夜温差，即所谓的"大温差育苗"。要特别注意控制夜温，夜温过高时呼吸消耗大，幼苗细弱徒长。可根据天气调节温度，晴天光合作用强，温度可高些；阴天为减少呼吸消耗，温度可低些。地温高低对秧苗作用大于气温。严寒冬季，只要地温适宜，即使气温偏低秧苗也能正常生长。因此，成苗期适宜地温为15～18℃。定植前7～10天，逐渐加大通风降低苗床温度，对幼苗进行低温锻炼，使之能迅速适应定植后的生长环境。

2. 水分管理

成苗期秧苗根系发达，生长量大，必须有充足的水分供应，才能促进幼苗的生长发育。水分管理应注意增大浇水量，减少浇水次数，使土壤见干见湿。浇水宜选择晴天的上午进行，冬季保证浇水后有 2～3 天连续晴天。否则，温度低，湿度大，幼苗易发病。

3. 光照管理

可通过倒坨把小苗调至温光条件较好的中间部位。苗子长大后将营养钵分散摆放，扩大受光面积，防止相互遮阴。每次倒坨后必然损伤部分须根，故应浇水防萎蔫。冬季弱光季节育苗可在苗床北部张挂反光幕增加光照。

4. 其他管理

定植前趁幼苗集中，追施 1 次速效氮肥，喷施 1 次广谱性杀菌剂。

三、 定植前的秧苗锻炼

春季定植的蔬菜秧苗多是在保护地培育的。保护地的环境条件与露地相比，温度高，湿度较大，光照较弱，风小，露地则相反。在这种环境条件下生长的秧苗定植后就要适应露地环境，如果定植后气候不正常，将严重抑制生长，延迟采收期，降低产量。因此，想要秧苗定植后适应露地条件或比较适应不良条件，就要在定植前进行秧苗锻炼，简称炼苗。

对秧苗的锻炼主要是低温和控水，其次是囤苗。幼苗的低温锻炼，可提高幼苗的生活力和对外界不良环境的抵抗力。要特别重视定植前的低温锻炼。定植前7～10天对幼苗进行低温锻炼，让幼苗尽快适应大田的气候条件。

主要措施是降温控水、加强通风和光照。在此期间应逐渐加大通风量，降温排湿，控制浇水，以不萎蔫为度，加大昼夜温差。露地栽培时，定植前2～3天要去掉所有覆盖物。保护地栽培时，可根据栽培设施的气候条件进行锻炼。

喜温性果菜最低可达7～8℃，黄瓜、番茄可达5～6℃；喜凉蔬菜可降到1～2℃，短时间可到0℃。如番茄苗、西葫芦苗白天15～18℃，晚上5～8℃；茄子苗、辣椒苗、黄瓜苗白天18～20℃，晚上8～10℃；甘蓝类蔬菜的幼苗白天12～15℃，晚上3～4℃。

低温炼苗切忌过度，防止出现老化苗和花打顶。同时应防止夜间冷害发生。

炼苗使幼苗生长速度减慢，光合产物积累增加，茎叶中纤维素含量、蛋白质和含糖量增加，尤其还原糖含量增加，淀粉含量降低，亲水性胶体含量增加，可结冰水含量降低，则耐寒性、抗逆性增强，缓苗快，提早成熟。

秧苗锻炼后叶色转深，叶表皮增厚，苗茎粗壮，根系发育好，为定植后生长创造良好条件。

如外界天气不适合定植则进行囤苗。对于分苗于苗床的幼苗，在定植前2～3天，先在苗床上洒些水，使土壤比较湿润，然后按幼苗的株行距用手铲等工具进行切块，深度为10厘米左右，将带土块的幼苗在苗床内重新排列 1 次，块与块之间撒些潮湿的细土。

用营养袋（钵）进行育苗的，后期根系已经穿过营养袋伸入土内，定植前 2～3 天应将营养袋挪动重新排列 1 次，以切断伸入土中的根系，有利于定植后的缓苗。

四、 育苗中出现的问题及其对策

在蔬菜育苗中，因天气及管理不当，秧苗常出现各种不正常生长现象。如播后不出苗、出苗不齐、徒长苗、老化苗等。

（一）播后长期不出苗

1. 原因

① 种子质量不好，播前已失去发芽能力。

② 种子携带病菌，播种后因环境适宜病菌发育，侵害了种子，影响了出苗。

③ 苗床温度长期低且水分又多，床土通气透水能力差，妨碍幼芽生长，甚至引起种子腐烂。

④ 床土过干，种子吸水萌动受到影响，已经发芽的种子会由于缺水而导致干枯。

2. 解决的方法

① 严格在有效期内使用种子，如葱籽、韭菜籽必须使用当年的新种子，才能确保出苗，黄瓜籽安全有效使用期为 3 年，白菜籽 2 年，香菜籽 3 年，番茄籽 4 年，芹菜籽 5 年，茄子籽 6 年。香菜籽和芹菜籽当年新种不能播种使用。

② 做好种子发芽试验，选用发芽率高的种子播种。

③ 种子消毒，消灭种子内外的病菌，可通过热水烫种或化学药剂处理消除病菌。

④ 因育苗环境管理不当引起不出苗的，要针对不出苗的原因采取相应措施。如床土过干要适当浇水，保持一定湿度；温度

低可采取加温的方法，促使出苗。

（二）出苗不整齐

苗子出土的快慢不齐，出土早的比出土晚的可早 3～4 天，甚至更长，造成幼苗大小不一，管理不便。

1. 原因

① 种子成熟度不一致，新籽和陈籽混杂，造成出苗大小不一致。

② 催芽时翻动不匀，使种子在发芽过程中所受的温度、水分和空气不均匀，发芽有早有晚。

③ 播后覆土厚薄不均匀。

④ 苗床管理不当，造成温、湿度分布不均，出苗不齐(图 2-17)。

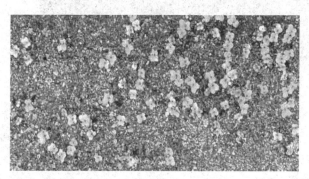

图 2-17　出苗不齐

2. 解决的方法

① 选用发芽率高和发芽势强的种子，新陈种子不能混播。

② 播种要均匀，密度要适宜，覆土厚薄应均匀一致。

③ 播后床面盖塑料薄膜，保温保湿，待 1/3 出苗后揭掉薄膜。

④ 苗床土过干出苗不齐时，要及时补充水分。

（三）幼苗戴帽出土

在种子发芽出土后种皮不能自行脱落，夹住子叶，这种现象称为戴帽（图 2-18）。戴帽出土的子叶不能顺利展开，影响光合作用，导致幼苗营养不良，从而给幼苗的管理加大难度。

1. 原因

①出土过程表土过干，种皮干燥发硬，夹住子叶。

②苗床过干，覆土过薄。

戴帽出土

图 2-18　幼苗戴帽出土

2. 解决的方法

①播前苗床应充分浇透底水，出苗前床面覆盖地膜，保持土壤湿润。

②覆土厚度要适当。

③选择饱满的种子播种。瓜类蔬菜播种时，种子应放平，使整个种皮均匀吸水。幼苗出土时，盖在种子上的土可迫使种皮脱落。如幼苗戴帽出土，可先喷水，待种壳吸湿后，用毛刷轻轻将帽壳脱掉。

（四）沤根、寒根

在冬季和早春，沤根、寒根是蔬菜幼苗常见的病害。发生此病害时，初期幼根表皮呈锈褐色，严重时常造成根系腐烂，地上部叶片变黄，随着时间的延长会逐渐萎蔫枯死。

1. 原因

① 沤根是由于苗床湿度过大，光照不足，床土温度过低，水分蒸发慢，床土透气透水能力差，幼苗呼吸作用受阻，吸水能力降低造成的。

② 寒根是由苗床温度过低及昼夜温差大引起的。

2. 解决的方法

① 改善育苗条件，合理配制床土并保持适宜的地温。温度低时可采用地热线升温，使苗床温度白天保持在 20～25℃，夜间 15℃。控制浇水。在苗床干旱时按需水情况分片浇灌，防止大水漫灌。连阴天不浇水。一旦发生沤根及时通风排湿，也可撒施细干土或草木灰吸湿。

② 改进育苗手段，采用人工控温育苗如电热温床育苗等。保暖防冻，在寒流到来之前，加强夜间保温，如加厚草苫、覆盖纸被，加盖小拱棚等。尽量保持干燥，防止雨雪淋湿。必要时采取加温措施如生火炉。适当控制浇水。

（五）烧根

烧根时根尖发黄，不发新根，地上部生长缓慢，矮小发硬，形成老小苗。

1. 原因

烧根是由于施肥过多，土壤干燥或床土中施入未腐熟的有机肥。当土壤溶液浓度超过 0.5% 时就会烧根。

2. 解决的方法

不施未充分腐熟的有机肥，合理施肥，施肥要均匀。对已经发生烧根的幼苗地块要多浇水，以降低土壤溶液浓度。

（六）徒长和僵苗

徒长苗是指幼苗的下胚轴过长。僵苗（又称老化苗）的特征是茎细而软，叶片小而黄，根少色暗，定植后不易发生新根；生长慢，生育期延迟，开花结果晚，容易衰老。

1. 原因

①　阳光不足，出苗后高温高湿，以及氮肥过多造成徒长或播种密度过大，秧苗拥挤（图 2-19）。

图 2-19　徒长苗

②　床土过干，床温过低造成僵苗（图 2-20）。目前常用塑料钵育苗，因与地下水隔断，如果浇水不及时，易造成土壤过干而育成僵苗。定植前常进行低温炼苗，如温度过低，土壤又严重缺水，也会加速幼苗老化。

图 2-20　僵苗

2. 解决的方法

① 改善育苗条件，选用透光率高的塑料薄膜，并经常清扫，根据作物对温、湿度的要求，适当降低夜温。严格控制播种量，及时分苗，保证秧苗有足够的营养面积。囤苗时扩大行距，防止过分遮阴。尽量增加光照，即使在阴天也要适当揭苫，使秧苗见光。控制浇水。

② 严格掌握好苗龄，蹲苗时间长短要适度。合理肥水，控制适宜温度，炼苗时严防缺水，防止幼苗老化。还可对僵化苗喷施 10～30 毫克/千克的赤霉素，1 米^2 用稀释的药液 100 克左右，有显著的刺激生长作用，喷后 7 天开始见效。

第三章
蔬菜嫁接育苗

一、 嫁接育苗

　　嫁接育苗是将栽培品种幼苗的地上部分（接穗），移接在具有优良根部性状等的其他带有根系茎（砧木）的蔬菜或植物幼苗上，形成一个新的组合苗，并将其培育成健壮的秧苗。

二、 嫁接育苗的意义

　　蔬菜嫁接的最初目的是为了减轻和避免土传病害，克服连作障碍。譬如以葫芦为砧木嫁接西瓜，对防止尖镰孢菌引起的枯萎病具有明显效果。随着科学的快速发展，嫁接目的明显增多，包括增强蔬菜抗病性、抗逆性和肥水吸收功能，促进蔬菜生长发育，提早收获，提高产量和改进品质等。

（一）防病抗重茬利于连作

1. 预防西瓜、 甜瓜枯萎病

　　枯萎病是西瓜生产上的一种毁灭性病害，传播媒体广泛，土壤、肥料、浇水、病株各部组织残体及人为因素等都能传播。寄主种群范围宽，病菌在土壤中存活的时间长，一旦发生枯萎病，就会导致不同程度的减产，甚至绝收。目前，国内外都没有百分之百防治西瓜枯萎病的专用农药，也没有对枯萎病有免疫力的商业性品种。枯萎病菌能在土壤中存活15年以上，有的报道在旱田可存活50年，这就限制了种植西瓜土地的安排，给轮作生产带来了一定的困难，致使一些老瓜区无法种植。实践证明，由于西瓜根系对土壤个各种矿质营养的吸收量与比例是基本固定的，在固定的一块土地上，长期连续种植西瓜，即使不发生枯萎病，也往往导致土壤某种矿质元素缺乏。而西瓜产量的高低受土壤中最小养分所制约，所以重茬种植西瓜往往减产严重。在目前阶段，利用可抗枯萎病的葫芦、瓠瓜、南瓜作砧木，通过嫁接换根，达到防治西瓜枯萎病的目的，确实是一项防病增产、简单易行、行之有效的好办法，特别是在发病严重的老瓜区，实行嫁接栽培，效果更为明显，使西瓜的连作成为可能。

2. 预防黄瓜枯萎病

黄瓜枯萎病的病原菌是一种镰刀菌（黄瓜专化型真菌）。病菌可以从根部伤口侵入，也可直接从根毛尖端细胞间侵入，侵入后病菌进入到维管束，在导管内发育，堵塞导管或病菌分泌毒素使导管细胞中毒，影响导管输水机能，使植株叶片萎蔫、枯死。此病一般在较高温度下发病，黄瓜从开花到结瓜期发病最重，严重时植株很快死亡。但是此病在南瓜上却很少发生。所以，用南瓜作砧木与黄瓜嫁接可以达到预防此病的目的。

3. 预防茄子黄萎病

茄子黄萎病俗称"黑心病""半边疯"，各地普遍发生。病原菌是黄萎轮枝菌，属真菌病害。病菌在土壤中，从根部伤口或直接从幼根表皮及根毛侵入，病菌在维管束内发育、繁殖，并扩展到茎、枝、叶及果实和种子里。土壤湿度和空气相对湿度高，有利于病害的发生与发展。在保护地栽培条件下，只要是连作就会出现不同程度的发病，如果灌水不当就会导致病害急剧加重，乃至绝产。茄子嫁接多采用野生的抗病或免疫品种作砧木，防病效果显著。

（二）增强植株长势，提高单株产量

嫁接换根后，植株获得了抗病机能，新陈代谢加强，全株的生长势增强，促进了根、茎、叶等各器官的生长。根系生长旺盛；根群吸收养分范围加大，养分吸收力增强；促进地上部生长。

（三）增强作物对不良环境的适应性

1. 提高植物的耐寒性

南瓜作为黄瓜、西瓜、甜瓜的砧木，在低温条件下具有良好的生长性，因此，在保护地早熟栽培时，常选用南瓜作砧木。特别是西瓜、甜瓜，在可用的砧木较多（瓠瓜、南瓜、冬瓜、丝瓜，以及西瓜自砧、甜瓜自砧）情况下，低温期栽培常选用南瓜砧木，以提高耐低温性。在黄瓜嫁接中，主要是以南瓜作砧木。在各种南瓜中，以黑籽南瓜的抗低温性最好，其根系在地温12～15℃、夜间最低气温6～10℃时还能正常生长。据试验，葫芦砧木的嫁接苗在16～18℃的温度条件下生长正常，而未经嫁接的自根苗则几乎停止生长。南瓜的根系，最低土温8℃时仍能缓慢进行吸收（西瓜根系生长温度为15℃，根毛发生的温度为13～14℃），地温6℃持续4天的情况下，当温度恢复时，仍能正常生长，而西瓜自根苗则全部死亡。

2. 增强植株耐热性

用冬瓜作西瓜、甜瓜的砧木，虽然植株的抗病性、生长势不如南瓜与瓠瓜，但果实品质和耐热性却优于它们。这是因为冬瓜本身喜温耐热，植株生长旺盛，根系强大，吸肥力强，对土壤的适应性广，特别是生育后期温度较高的情况下长势旺盛。因此在西瓜、甜瓜的夏季栽培时多采用冬瓜砧，能获得较好的效果。在早熟栽培时不宜选用，因低温生长性较差，生育迟缓。在南瓜砧中也有一些耐热的品种，如"白菊座"南瓜耐高温、高湿，适合于夏秋高温多雨季节作砧木。

3. 增强植株耐湿性

用瓠子作西瓜、甜瓜的砧木，虽然低温生长性不如南瓜，耐热性不如冬瓜，但瓠瓜的耐湿性是瓜类作物中最好的。

4. 节省肥料， 提高植株耐旱性

嫁接育苗还可以节省肥料，并提高植株耐旱性。

5. 提高植株耐盐性

嫁接提高抗盐性主要是因为砧木根系的生理生化特性比黄瓜根系优良。南瓜根系膜稳定性好，根系活力强，钾、钙、镁吸收多，钾/钠比得以改善，使黄瓜叶片可合成较多的保护性物质和渗透调节物质，膜脂组分中的饱和脂肪酸含量增加，I-UFA（脂肪酸不饱和指数）降低，从而减小膜脂过氧化作用和质膜透性，使抗盐性提高。嫁接后植株的抗盐性提高，对保护地栽培具有特殊的意义。

（四）延长生长季节，增加总产量

瓜菜嫁接换根后，根系在土壤中分布范围加宽加长，由于根系扎得深，土壤温度变幅小，从而增强了植株自身的耐低温、高温及耐高湿性能，增强了它本身对外界不良环境的适应性。因此可以提早或延晚种植，延长生长季节，为西瓜的一栽多收奠定了良好的物质基础，并且提供了充足的时间保证。

（五）扩大繁殖系数，保存育种材料

三倍体西瓜（无籽西瓜）制种中，产量低，出苗困难，且在低温弱光下易死苗，可通过芽接法将具有发芽能力的三倍体西瓜嫁接到其他长势强壮的植株上去，从而防止西瓜幼苗在前期不良环境条件下易死苗的现象发生。还可通过"芯长接"办法，来提高珍贵品种材料（如一些稀有名贵品种）的繁殖系数。

（六）利于无公害瓜果菜的生产

由于嫁接瓜果类蔬菜的抗病性增强，病害减少并且发病轻，从而减少了农药的使用量及环境的污染，这既有利于无公害蔬菜的生产，又促进了人民的身体健康。

第二节
蔬菜嫁接技术

一、嫁接的成活机理及影响成活的因素

（一）嫁接的成活机理

嫁接的基本原理是通过嫁接使砧木和接穗形成一个整体。由于受刀伤刺激，砧木和接穗切口处细胞的形成层和薄壁细胞组织开始旺盛分裂，从而在接口部位产生愈伤组织，将砧木和接穗结合在一起。与此同时，两者切口处输导组织相邻细胞也进行分化形成同型组织，使上下输导组织相连通而构成一个完整个体。这样砧木根系吸收的水分、矿质营养及合成的物质可通过输导组织运送到地上部，接穗光合作用产物也可以通过输导组织运送到地下部，以满足嫁接后植株正常生长需要。

植物嫁接过程中，愈伤组织的来源，一是靠形成层细胞分裂，二是靠薄壁细胞恢复分裂能力。目前，普遍认为，木本植物嫁接的愈伤组织主要由形成层细胞分裂形成，因此，嫁接时强调砧木和接穗的形成层尽可能紧密接合，这是成活的必要条件。而对于草本植物其茎部薄壁组织发达，嫁接过程中愈伤组织的形成主要靠薄壁细胞分裂，蔬菜嫁接多在苗期，幼茎或下胚轴的皮层、髓部、维管束间的薄壁细胞均能恢复分生能力，进行旺盛的细胞分裂而形成愈伤组织，因而草本植物嫁接比木本植物嫁接更易愈合和成活，且不必强调形成层紧密结合。

（二）嫁接成活过程

根据接合部位组织变化特征，嫁接后砧木和接穗的愈合过程可分为四个时期：接合期、愈合期、融合期和成活期。

1. 接合期

砧木、接穗切面组织机械结合，形成接触层，此期结合部位组织结构未发生任何变化，适宜条件下，此期只需 24 小时。

2. 愈合期

在砧木与接穗切削面内侧，薄壁细胞分裂，产生愈伤组织，并彼此靠近，砧木接穗间细胞开始水分和养分的渗透交流，直到接触层开始消失之前，此期需 2～3 天。

愈伤组织形成过程中，薄壁细胞的分裂以无丝分裂为主。无丝分裂消耗能量少，分裂速度快，有利于伤口快速愈合。虽然所有切面都能发生愈伤组织，但最初观察到的愈伤组织细胞发生在砧、穗紧密结合部位的接触层内侧。接穗和砧木对愈伤组织的发生，彼此间都具有积极的诱导作用，但砧木一侧，愈伤组织发生较早，数量较多，表明愈伤组织形成过程中砧木起主导作用。

3. 融合期

砧木、接穗间愈伤组织旺盛分裂增殖，接触层逐渐消失，砧、穗间愈伤组织紧密连接，难以区分，至砧、穗新生维管束开始分化之前，需 3～4 天。一般认为，接触层的消失，是沉积的残余细胞部分被消化吸收的结果。

4. 成活期

砧、穗愈伤组织中发生新生维管束，彼此连接贯通，实现真正的共同生活。嫁接后一般经 8～10 天可达到成活期。在砧、穗维管束分化连接过程中，接穗起着先导作用。接穗维管束较砧木分化早，数量多，维管束的形态变化也大。接穗维管束的分化：一是原有维管束扩大分化；二是维管束之间的薄壁细胞分化形成新生维管束。砧木和接穗对维管束的分化彼此都具有诱导作用，无论是接穗还是砧木，新生维管束的分化均发生在砧木、接穗紧密接合的部位。在砧木、接穗间空隙大的部位，无论上面的接穗还是下面的砧木均不发生新生维管束的分化，表明砧木、接穗紧密接合是提高嫁接成活率的关键。

（三）影响嫁接成活率的因素

嫁接后砧木与接穗接合部愈合，植株外观完整，内部组织连结紧密，水分养分畅通无阻，幼苗生育正常，则为嫁接成活。影响嫁接成活率的主要因素如下。

1. 嫁接亲和力

嫁接亲和力是指砧木与接穗嫁接后正常愈合和生长发育的能力，这是嫁接成活与否的决定性因素。亲和力高的嫁接后容易成活，反之则不易成活。嫁接亲和力高低往往与砧木和接穗亲缘关系远近密切相关，亲缘关系近者亲和力较高，亲缘关系远者亲和力较低，甚至不亲和。也有亲缘关系较远而亲和力较高的特殊情况。

2. 砧木与接穗的生活力

砧木与接穗的生活力是影响嫁接成活率的直接因素。幼苗生长健壮，发育良好，生活力强的，嫁接后容易成活，成活后生育状况也好；病弱苗、徒长苗、生活力弱的，嫁接后不易成活。

嫁接时，使砧木与接穗在嫁接适宜时期相遇也十分重要。如插接和劈接，要求砧木苗龄大，幼茎粗壮；接穗苗龄小，幼茎粗细适宜。否则若砧木苗龄小，幼茎细弱，而接穗苗龄大，幼茎较粗，嫁接时容易将砧木插劈，影响成活率。

3. 环境条件

光照、温度、湿度等均是影响嫁接成活率的重要因素。嫁接过程和嫁接后管理过程中温度太低，湿度太小，遮光太重或持续时间过长，均会影响愈伤组织形成和伤口愈合，降低成活率。

4. 嫁接技术及嫁接后管理水平

蔬菜嫁接要求适宜苗龄。砧木与接穗适宜嫁接苗龄是以有利于两者愈合及嫁接操作方便为原则。瓜类蔬菜苗龄过大、胚轴中空或苗龄过小操作不便，均不利于嫁接和成活。适宜嫁接时期内苗龄越小，可塑性越大，越有利于伤口愈合。嫁接过程中砧木和接穗均需要一定切口长度，砧穗结合面宽大且两者形成层密接有利于愈伤组织形成和嫁接成活。同时操作过程中手要稳，刀要利，削面要平，切口吻合要好。此外，嫁接愈合期管理工作也至关重要，嫁接成活率也受人为因素影响。

5. 病原微生物

嫁接后，嫁接苗处于高温、高湿及遮光条件下，特别有利于病原微生物的繁殖和侵染，切口一旦感染，很难愈合，所以应注意采取防病措施。

二、 砧木品种的选择

嫁接育苗的关键是砧木的选择。嫁接成功与否，首先取决于嫁接后能不能成活，也就是二者嫁接后能不能亲和，又称嫁接亲和力；还要考虑成活后能不能健壮地生长，即二者共生期间发生不发生矛盾，又称共生亲和力，包括茎叶能否健壮生长，能否正常开花结果，是否提早或延迟生育期，是否影响果实品质等。因此，在选择嫁接亲本时，不但要了解它们的特性，考虑栽培季节的冷暖，而且还要考虑品种资源是否易得、价格高低等。除此之外，在嫁接时选择砧木和接穗要特别注意它们的特性，砧木可选用与接穗同种的植物（即共砧），也可选用不同种植物。嫁接前首先应考虑该蔬菜可供选用的砧木种类，明确每种砧木各有何特点，然后根据栽培季节、栽培方式、土壤条件和品种类型选择适宜砧木。如黑子南瓜对枯萎病具有很强抗性，低温下生长发育良好，适于黄瓜越冬栽培作砧；新土佐南瓜抗枯萎病兼耐高温，则适于春夏栽培作砧。因此选择砧木应遵循以下几点：首先砧木应具有突出的抗病性和抗逆性，可弥补栽培品种的性状缺陷；其次，砧木应与接穗具有高度的嫁接亲和力，保证嫁接后及时愈合成活；最后，砧木与接穗应具有高度的共生亲和力，保证嫁接成活苗栽培后的正常生长，对果实品质无不良影响。

三、 优良的砧木品种

（一）瓜类砧木

1. JA-6

由河南省农业科学院园艺研究所瓜类育种室利用中国南瓜与西洋南瓜杂交育成。该品种与大多数西瓜、甜瓜品种嫁接都未发生不良反应，特别是它和甜瓜嫁接时，更表现出亲和力强、嫁接成活率高、抗枯萎病能力好、根系发达、幼苗生长快而健壮、吸收水肥能力强等特性。不但表现出耐低温、高湿、耐热、抗重茬的优良性状，而且叶部病害、炭疽病、蔓枯病、疫病、霜霉病等也明显减轻。雌花出现较早，易坐果，果实品质不发生任何不良变化，瓜体增大，产量提高。JA-6是目前耐低温性最好的品种之一，可用于西（甜）瓜、黄瓜、西葫芦、瓠瓜、苦瓜、丝瓜早熟栽培使用。但该砧木与部分少籽或无籽西瓜品种进行嫁接时，需先做试验。

2. 黑籽南瓜

目前国内黄瓜嫁接通用砧木是云南黑子南瓜，它具有嫁接亲和性好，成活率高，高抗枯萎病、疫病性，耐低温，生产性能良好等优点，缺点是易感染白粉病。也可用山西黑子南瓜、日本黑子南瓜嫁接。黑籽南瓜与西瓜进行嫁接换根栽培抗枯萎病，低温生长性和低温坐果性强，在低温条件下吸肥的能力也最强。其与西瓜亲和性在品种间差异较大，若管理不善可对西瓜产生果皮增厚、肉质变硬和含糖量下降等不良影响。可用做甜瓜、西瓜、黄瓜的嫁接砧木。

3. 相生

引进种"相生"是西瓜嫁接优良砧木。相生嫁接西瓜亲和力好，共生亲和力强，植株生长健壮，抗枯萎病，根系发达，较耐瘠薄，低温下生长性好，坐果稳定，果实大，对果实品质无不良影响。可用作西瓜、西葫芦、黄瓜的砧木。

4. 新土佐

"新土佐"是"印度南瓜×中国南瓜"杂交一代种，现已培育出系列种。新土佐系南瓜作西瓜嫁接砧木，嫁接亲和性与共生亲和性好，幼苗低温下，生长势强，抗枯萎病，能促进早熟，提高产量，对果实品质无明显不良影响。但是新土佐并非与所有西瓜品种都有良好的亲和性，特别是与多倍体西瓜表现不亲和或亲和性很差，所以应通过试验明确土佐系南瓜作砧木亲和性以后才能推广应用。可以用作西瓜、甜瓜、黄瓜、西葫芦、瓠瓜、苦瓜、丝瓜等的嫁接砧木。

5. 京欣砧 1 号

是国家蔬菜工程技术研究中心培育的瓠瓜与葫芦杂交的西瓜砧木一代杂种（F1）。嫁接亲和力好，共生性强，成活率高。嫁接苗植株生长稳健，株系发达，吸肥力强。种子黄褐色，表面有裂刻，千粒重 150 克左右，种皮硬，发芽整齐，出苗壮，下胚轴短粗且硬，实秆不易空心，不易徒长，便于嫁接。与其他一般砧木品种相比，耐低温，表现出更强的抗枯萎病能力，叶部病害轻，后期耐高温抗早衰，生理性急性凋萎病发生少。有提高产量的效果，对果实品质无不良影响。适宜早春栽培，也适宜夏秋高温栽培。

6. 京欣砧 2 号

是国家蔬菜工程技术研究中心培育的印度南瓜和中国南瓜杂交的白子南瓜类型的西瓜砧木一代杂种。嫁接亲和力好，共生亲和力强，成活率高。嫁接苗在低温弱光下生长强健，根系发达，吸肥力强。嫁接瓜果实大，有促进生长提高产量的效果。高抗枯萎病，叶部病害轻。后期耐高温抗早衰，生理性急性凋萎病发生少。对果实品质影响小。适宜早春和夏秋栽培。适用于西瓜、甜瓜嫁接。

7. 超丰 F1

由中国农业科学院郑州果树研究所培育而成。该品种作西瓜砧木嫁接亲和力好，共生亲和力强，成活率高，较一般葫芦砧木增产 20%～30%，对西瓜果实品质无不良影响，是目前国内较为理想的砧木品种。适合作保护地栽培和露地地膜覆盖栽培嫁接苗的砧木，特别适于作保护地西瓜砧木。

8. 超丰七号

是中国农业科学院郑州果树研究所在超丰 F1 的基础上改良选育的抗病葫芦杂交一代。其特点是嫁接亲和力强，高抗枯萎病，很少发生枯萎，对果实无不良影响。适于作保护地与露地栽培西瓜的砧木。

(二) 茄果类砧木

嫁接的番茄根系发达，秧苗生长旺盛，可减少病害发生，获得较高产量。

1. 托鲁巴姆

托鲁巴姆为国外引进品种。嫁接后，茄子植株粗壮，根系较发达，枝叶繁茂，生长势极强，抗病耐热、抗旱耐湿。但其发芽难，苗期生长极慢，需比接穗提前播种 3～5 天。茎较粗，易嫁接。根系发达，吸肥力和生长势强。可作保护地及露地各种栽培形式的番茄砧木。

2. 赤茄、青茄

赤茄、青茄均为野生种，嫁接亲和性好，根系发达，茎秆粗壮，节间较短，嫁接后促进茄子生长并提高产量。抗枯萎病能力强，抗黄萎病能力中等，不抗青枯病。

3. LS-89

LS-89主要抗番茄青枯病和枯萎病。早期幼苗生长速度中等，若采用劈接法，须比接穗提前播种3～5天。茎较粗，易嫁接。根系发达，吸肥力和生长势强，可作保护地及露地各种栽培形式的番茄砧木。

4. 耐病新交1号

耐病新交1号为杂交种，抗枯萎病、黄萎病、褐色根腐病、根腐枯萎病及根线虫病。早期幼苗生长速度较慢，采用劈接法，须比接穗早播7天。茎较细，生长势旺盛，吸肥力特强。为保护地番茄砧木专用型品种。

5. 耐病VF

耐病VF抗黄萎病、枯萎病。根系发达，分布较深，耐高温干旱。植株生长势强，茎粗壮，叶片大，节间较赤茄长，容易嫁接。与茄子各类品种嫁接的亲和性都很强，易成活。种子发芽容易，幼苗出土后，生长速度较快，播种时只需比接穗提前3天即可。

6. CRP

CRP的抗病性与托鲁巴姆相当，也能同时抗多种土传病害（黄萎病、枯萎病、青枯病、根线虫病等）。植株生长势强，根系发达，分布较深，耐涝性比托鲁巴姆强。茎黄绿色，较托鲁巴姆细一些，茎上的刺较托鲁巴姆多一些，节间较长，叶近圆形鲜绿色。花白色，果实成熟后黄色，小果种子较托鲁巴姆大，种皮黄褐色，种子的休眠性较强，但比托鲁巴姆易发芽。幼苗出土后，初期生长缓慢，2～3片真叶后生长加快。同普通茄子嫁接时要比接穗提前20～25天播种。该砧木适于保护地茄子嫁接，嫁接成活率高，果实品质优良，总产量高。

7. 角茄

角茄系野生种。原产美国宾西法尼亚州和得克萨斯州。一年生草本，株高约 1 米。高抗枯萎病，中抗黄萎病，对青枯病的抗性强于兴津 101。该品种种子发芽缓慢。一般要求比接穗提前 20～25天播种。

四、 嫁接场所与嫁接用具

1. 嫁接场所

（1）对嫁接场所的要求

① 温度适宜。适宜的温度不仅便于操作，也有利于伤口愈合。一般嫁接场所温度为 20～25℃较好。

② 空气湿度大。为防止削切过程中幼苗失水萎蔫，空气湿度应较大，以达到饱和状态为宜。

③ 适当遮光。为防止强光直晒秧苗导致萎蔫，嫁接场所应具备遮光能力。

④ 整洁无风。场所安静整洁，不仅便于操作，也有利于提高嫁接质量和嫁接效率。

（2）常用的嫁接场所　常用的嫁接场所有日光温室、塑料大棚及加温温室等。秋季、春季育苗多以日光温室和塑料大棚为嫁接场所；而深冬季节嫁接多用加温温室，以保证嫁接后维持适宜的温度；夏季嫁接应搭设遮阴设施、防雨棚，棚架可利用温室的框架结构，上面覆盖废旧薄膜，薄膜上用草帘遮阴。嫁接前几天浇水、密闭，提高空气湿度。

2. 嫁接工具

（1）刀片　一般多用剃须的双面刀片（图 3-1）。使用时，将刀片沿中线一掰两半，即节省刀片，又便于操作。生产中刀片切削发钝时应及时更换，以免切口不齐影响成活。

（2）竹签或金属签　插接时，在砧木上插孔用的竹签或金属签（图 3-2、图 3-3），也叫嫁接针，其粗细与接穗苗幼茎粗细一致，一端磨成楔形。它还可用于挑去瓜类砧木的生长点。

图 3-1　嫁接用的刀片

图 3-2　嫁接用的竹签

图 3-3　嫁接用的钢签

　　（3）嫁接夹　用来固定接穗和砧木，使切面紧密结合。目前有专用的固定嫁接夹，使用方便，且可多次使用。使用时将嫁接苗接口固定在嫁接夹的中间部分。目前市场上销售的嫁接夹主要有两种，一种是圆口嫁接夹（图 3-4），一种是方口嫁接夹（图 3-5）。应根据接口的形状和大小，选择合适的嫁接夹。

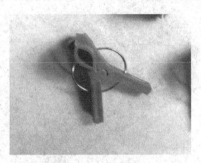

图 3-4　圆口嫁接夹

图 3-5　方口嫁接夹

（4）嫁接操作台和运苗车　为便于嫁接，提高功效，嫁接时一般用木板和板凳作嫁接操作台（图 3-6），专人嫁接，专人取苗运苗。

图 3-6　简易嫁接操作台

（5）消毒用具　使用旧嫁接夹时，应事先用 200 倍甲醛溶液浸泡 8 小时消毒。嫁接时手指、刀片、竹签应用棉球蘸 75％的酒精消毒（图 3-7），以免将病菌从接口带入植物体。

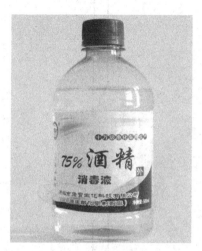

图 3-7　酒精消毒液

五、　蔬菜嫁接方法

（一）砧木、接穗楔面的切削要求

1. 单面楔

主要用于斜切接、芽接。斜面长因嫁接方法不同而有所差异，茄果类蔬菜的斜切接斜面长以 0.8～1 厘米为宜，斜角为 30°～40°，如图 3-8 所示。

2. 双面楔

主要用于劈接、顶插接法。在幼茎上自上而下削成双斜面，茄果类蔬菜的劈接，其斜面长为 0.6～0.7 厘米，斜角为 30°，如图 3-9 所示。

图 3-8 单面楔

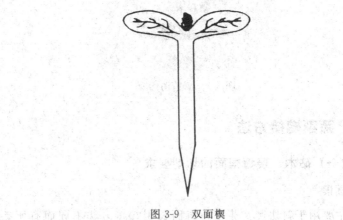

图 3-9 双面楔

3. 舌形楔

主要用于靠接法，即舌接法。从幼苗茎部的一定位置，用刀片以 30°~40°斜切入茎，切口深度为茎横切面的 2/3 或 3/5，形成舌形楔，如图 3-10 所示。

(二) 嫁接方法

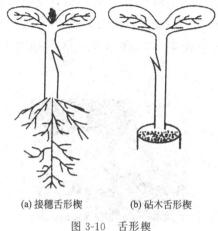

(a) 接穗舌形楔　　　　(b) 砧木舌形楔

图 3-10　舌形楔

1. 插接法

插接法嫁接时，用竹签剔去砧木生长点（图 3-11）。然后用

图 3-11　剔去砧木生长点

竹签从一侧子叶基部中脉处向另一侧子叶下方胚轴内穿刺插孔（图 3-12），到竹签从胚轴另一侧隐约可见时为止，扎孔深度约 0.6 厘米，竹签先不要拔出（图 3-13）。操作完上述工序后，将砧木迅速稳放于操作台上，立即拿起事先已经拔起的接穗苗削切接穗（图 3-14），接穗的削法通常视竹签的情况而定。如是单平面竹签，接穗就应削成单平面；如是楔形竹签，接穗就削成楔形。在距子叶 0.5～1 厘米处以 30°角斜切，切口长度为 0.4～

0.5厘米。拔出砧木上的竹签（图3-15），立即将接穗插入砧木孔中，使砧木子叶与接穗子叶呈交叉状（图3-16），接穗下插要深，即将接穗有皮部分插深一点，以增加愈合，提高成活率(图3-17)。

图 3-12　砧木插孔

图 3-13　竹签暂不拔出

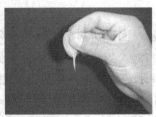

图 3-14　削切接穗

图 3-15　拔出竹签

图 3-16　插接

图 3-17　嫁接成活

2. 靠接法

靠接又叫舌接，是指分别在砧木和接穗的适当位置各斜切一刀，两切口方向相反，大小相近，而后把砧木和接穗幼苗的两切口契合后固定在一起形成嫁接苗的一种嫁接方法。

嫁接时削去砧木 1 片子叶的叫单子叶靠接，保留 2 片子叶的叫双子叶靠接。嫁接时取大小相近的砧木和接穗，最好二者都拔出苗床。先削去砧木的生长点，后在砧木下胚轴上端离子叶节0.5厘米处，用刀片以45°角向下斜削一刀（图3-18）。下刀要掌握

(a) 开始下刀　　　　　　(b) 切削　　　　　　(c) 切后效果

图 3-18　削切砧木

"准、稳、狠、快"的原则，一刀下去，不可拐弯和回刀。刀口深度为胚轴的1/3，长度为1厘米。立即取接穗苗，并在其下胚轴上端1厘米处向上斜削一刀，深度与砧木切口相等（图3-19）。放下刀片，

图 3-19　削切接穗

右手拿接穗，左手拿砧木，用左手拇指和食指捏住砧木子叶处，中指和无名指夹住下胚轴，使切口稍微张开，右手拇指和食指捏住接穗，并用小指将接穗切口稍推开。嫁接动作要快，即砧木和接穗切好后，迅速将二者吻合（图3-20），用嫁接夹夹牢（图3-21）。嫁接夹的上口与砧木和接穗的切口持平，砧木处于夹子外侧，接穗处于夹子内侧。各工序操作完毕，随后把嫁接苗栽植于营养钵内、袋内或苗床上（图3-22）。为利于后来断根，砧木和接穗根系要自然分开1～2厘米，嫁接口要离开地面3～4厘米。

等 7~10 天后可试着断根（此法不适于无籽西瓜的嫁接）。

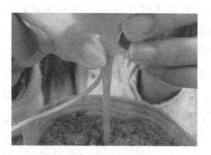

图 3-20 砧穗嵌合

图 3-21 嫁接夹固定

图 3-22 栽嫁接苗

3. 劈接法

劈接法是指先把砧木从上方切去，把茎从中劈开，然后把接穗上部削成楔形，插入砧木劈开的切口中，固定成嫁接苗的一种嫁接方法。

劈接法其砧木苗龄应稍大些，瓠瓜砧（含葫芦）一般提前6～8天播种，置于苗床内培育成下胚轴粗壮的秧苗。在移栽砧木苗的同时，播种催芽的接穗。也可将砧木直播到营养钵内。当接穗子叶展开时，即可嫁接。

砧木苗保留在营养钵内，将生长点削去，用刀片从两子叶间的下胚轴一侧，自上而下纵向下劈出深1～1.5厘米长的切口，切口宽度约为下胚轴的1/2，不可将下胚轴两侧全劈开（图3-23）。紧接着将接穗下胚轴子叶节下2～3厘米处削成扁楔

图 3-23　砧木劈口

形，削面长1～1.5厘米，将带皮的一面插入砧木劈口内，使接穗与砧木的一边对齐（图3-24），用拇指轻轻压平，并用嫁接夹固定（图3-25）。

图 3-24　砧穗接合

4. 贴接法

贴接法又叫斜切接法，是指分别把砧木和接穗的上端和下端

图 3-25　嫁接夹固定

切去，切口切成相反的斜面，而后把砧木和接穗的两斜面贴合在一起成为嫁接苗的嫁接方法。

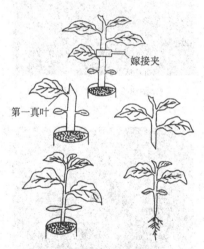

图 3-26.　贴接法示意图

　　当砧木顶土待出时播接穗，待砧木破心正好接穗出苗时为嫁接适期。嫁接时自砧木顶端呈 30°角削去 1 片子叶和刚破心的真叶，切面长 0.7～1cm；再取接穗苗从子叶下留 2 厘米削成单面楔形，楔形长度与砧木切口长度相等。迅速使二者的切口贴合，用嫁接夹固定即可假植（图 3-26）。该法是甜瓜嫁接成活率最高的一种方法，也适用于无籽西瓜及黄瓜的嫁接，夏秋高温期间此法较实用，也可用于第一次靠接、劈接、插接不成功后的补接。

5. 芽接法

先播砧木于营养钵内，待其长出真叶后在育苗盘或沙床上播接穗。接穗刚出苗，胚轴还没有伸直时嫁接（图 3-27）。先去掉砧木的真叶或生长点，在子叶下方 1 厘米处切斜口（图 3-28），

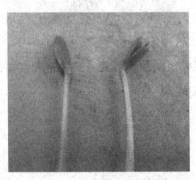

图 3-27　适龄接穗

图 3-28　砧木切口

下刀时从上往下约 40°角切入胚轴的 1/3，然后取一个接穗芽在贴近子叶 2 厘米处用刀削成双面平楔形，插于砧木切口（图 3-29），立即用嫁接夹固定（图 3-30）。此法最适用于无籽西瓜的嫁接，也可用于第一次靠接、劈接、插接不成功后的补接。

图 3-29　砧穗嵌合

图 3-30　嫁接夹固定

6. 套管接法

套管接法属于单斜面嫁接。套管接法是指把砧木和接穗削切成和斜切接法相同、方向相反的斜面，只是砧木和接穗的斜面贴合后不用嫁接夹固定，而用一个长 1.2～1.5 厘米的 C 形塑料管套住，借助塑料管的张力，使接穗与砧木的切面紧密贴合的一种嫁接方法。

套管嫁接时，先在砧木苗的第一片叶与第二片叶中间，沿茎的伸长方向呈 25°～30° 斜向切去株顶，使切面呈一斜面，斜面长 1～1.5 厘米（图 3-31），然后把蔬菜嫁接专用套管套在砧木切口处，要使套管上端倾斜面与砧木的斜面方向一致（图 3-32）。在接穗上部保留 2～3 片真叶，切去下部的根和茎，把切口处用嫁接刀削成一个与砧木相反且同样大小的斜面（图 3-33）。把削切好的接穗沿着与套管倾斜面相一致的方向插入嫁接套管中，使接穗与砧木接合（图 3-34）。插入时要尽量使砧木和接穗的切面很好地贴合在一起成为一颗嫁接苗（图 3-35、图 3-36）。

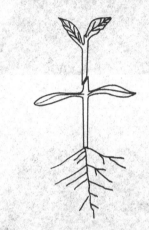

图 3-31　切断砧木

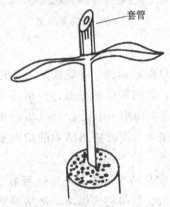

图 3-32　插入套管

（三）嫁接前后应注意的问题

嫁接前要对砧木和接穗喷洒杀菌剂，以防伤口感染，导致腐

图 3-33 切断接穗

图 3-34 插入接穗

烂死亡。嫁接前砧木和接穗上都不能有水滴及杂物。接穗提前拔出苗床时要注意保湿防蔫。砧木、接穗的切口要对齐，不得错位，并保持无泥土、异物，否则要用卫生纸或棉球轻轻揩除。嫁接夹上口要与砧木和接穗的切口上边持平。嫁接操作要在适宜的

图 3-35　嫁接苗

图 3-36　套管嫁接的番茄苗

温度、湿度及无风的环境条件下进行，并要做到随嫁接，随栽植，随浇水，随扣棚膜。嫁接时最好每天每班次操作者嫁接一畦结束，以方便以后管理。要在嫁接后苗龄 20～25 天、有 3 片左右真叶时进行定植。育苗嫁接场所要靠近大田，防止远距离运输损伤瓜苗。嫁接后定植时一定要注意定植深度以嫁接口离开地面3～4 厘米为佳，以防止嫁接口与土壤接触，产生不定根，失去嫁接意义。

第三节
蔬菜嫁接后的管理

一、 愈合期管理

蔬菜嫁接后，对于亲和力强的嫁接组合，从砧木与接穗结合、愈伤组织增长融合，到维管束分化形成需 10 天左右。高温、高湿、中等强度光照条件下愈合速度快，成苗率高。因此，加强该阶段的管理有利于促进伤口愈合，提高嫁接成活率。研究表明，嫁接愈合过程是一个物质和能量的消耗过程，二氧化碳施肥、叶面喷葡萄糖溶液、接口用促进生长的激素（NAA、KT）处理等措施均有利于提高嫁接成活率。

1. 光强

为避免阳光直晒秧苗，引起接穗萎蔫，嫁接后应适当遮光，以减少叶片蒸腾，遮光的方法是在塑料小拱棚的外面覆盖草帘、报纸、遮阳网等覆盖物。一般嫁接后 3～4 天内全天遮光；以后早晚在小棚两侧透散射弱光，并逐渐增加透光时间；8～10 天成活后，恢复正常光照管理。若采用靠接法，成活后对接穗断根，断根后应适当遮光 2～3 天。若遇阴雨天气，也可不遮光。若遮光过度和时间过长，嫁接苗会因长时间得不到阳光，光合作用受阻，养分耗尽而死亡。因此，嫁接初期 3～4 天遮光防晒，以后应逐渐增加透光量和透光时间，嫁接苗成活后及时给予正常的光照条件。

2. 温度

嫁接后保持较高的温度有利于愈伤组织的形成和接口快速愈

合。瓜类蔬菜白天为 25～28℃，夜间为 18～22℃；茄果类蔬菜白天为 25～26℃，夜间为 20～22℃。温度过高、过低均不利于接口愈合，并影响成活率。为了保证嫁接初期适宜温度，早春低温嫁接，应采取增温保温措施；夏季高温嫁接，应采取降温措施。特别是嫁接后 3～4 天内，温度应在适宜范围内，以后可稍有降低。一般嫁接后 8～10 天，幼苗成活后，恢复常规育苗温度管理。若采用靠接法，幼苗成活后，需对接穗断根，断根后，温度适当提高，促进伤口愈合，2～3 天后恢复常规管理。

3. 湿度

嫁接成活之前，保持较高的空气湿度，防止接穗萎蔫，是关系到嫁接成败的关键。每株幼苗嫁接完后立即将基质浇透水，随嫁接随将幼苗放入已充分浇湿的小拱棚中，用薄膜覆盖保湿，嫁接完毕后将四周封严。前 3 天相对湿度最好在 90％以上，每日上下午各喷雾 1～2 次，保持高湿状态，以薄膜上布满露滴为宜。喷水时喷头朝上，喷至膜面上最好，避免直接喷洒嫁接部位引起接口腐烂。倘若在薄膜下衬一层湿透的无纺布则保湿效果更好。4～6 天内相对湿度可稍微降低，以 85％～90％为宜，一般只在中午前后喷雾。嫁接 1 周后转入正常管理。断根插接幼苗保温保湿时间适当延长以促进发根。为了减少病原菌侵染，提高幼苗抗病性，促进伤口愈合，喷雾时可配合喷洒杀菌剂。

4. 通风

嫁接后前 3 天一般不通风，保温保湿。断根插接幼苗高温高湿下易发病，每日可进行 2 次换气，但换气后需再次喷雾并密闭保湿。3 天以后视作物种类和幼苗长势早晚通小风。再以后通风口逐渐加大，通风时间逐渐延长。10 天左右幼苗成活后去除薄膜，进入常规管理。

5. 注意防病

嫁接后嫁接苗处于高温、高湿、弱光环境中，加上嫁接切口的存在，为病原微生物的浸染提供了有利条件。因此应加强嫁接苗的防病管理。在嫁接前1～2天对接穗、砧木喷药；嫁接过程中对用具、手指消毒；嫁接后愈合期内也应喷药1～2次，一般结合喷雾进行，可用800～1000倍的百菌清；嫁接苗成活后，还应根据砧木抗病种类和具体情况，按常规方法防治苗期病虫害。

二、 成活后管理

嫁接苗成活后的环境调控与普通育苗基本一致。但结合嫁接苗自身特点需要做好以下几项工作。

1. 断根

采用靠接法嫁接时，嫁接后还要为接穗断根。嫁接育苗主要利用砧木的根系。采用靠接法嫁接的幼苗仍保留接穗的完整根系，待其成活以后，要在靠近接口部位下方将接穗胚轴或茎剪断，一般下午进行较好。刚刚断根的嫁接苗若中午出现萎蔫可临时遮阳。断根前1天最好先用手将接穗胚轴或茎的下部捏几下，破坏其维管束，这样断根之后更容易缓苗。断根部位尽量上靠接口处，以防止与土壤接触重生不定根引起病原菌侵染失去嫁接防病意义。为避免切断的两部分重新接合，可将接穗带根下胚轴再切去一段或直接拔除。断根后去掉嫁接夹等束缚物，对于接口处生出的不定根及时检查去除。

2. 去萌蘖

砧木嫁接时去掉其生长点和真叶，但幼苗成活和生长过程中会有萌蘖发生，在较高温度和湿度条件下生长迅速，一方面与接穗争夺养分，影响愈合成活速度和幼苗生长发育；另一方面会影响接穗的果实品质，使其失去商品价值。所以，从通风开始就要及时检查和清除所有砧木发生的萌蘖，保证接穗顺利生长。番茄、茄子嫁接成活后还要及时摘心或去除砧木的真叶及子叶。

3. 除去接口固定物

靠接、劈接及部分插接等接穗需要固定，如用塑料嫁接夹固定的应当适时解去夹子。解夹不能太早，在定植前除夹易使嫁接苗在搬动过程中从接口处折断。所以要等到定植插架后，第一次绑蔓时去夹最为安全。但是也不宜过晚。定植后长期不取夹，根茎部膨大后夹子不易取下；同时接口处夹得太紧，影响根茎部发育。

4. 乙烯利处理

由于嫁接缓苗要求的湿度偏高，会使黄瓜坐瓜节位上升，瓜数少，因此需要用乙烯利处理，降低坐瓜节位和增加坐瓜节数。方法是黄瓜长到1~2片真叶时，用100毫升/升浓度乙烯利喷叶，1周后再喷1次。此外，要特别注意，若是一代杂交黄瓜种，就不宜用乙烯利处理，因为它本身具有很强的结瓜性，用乙烯利处理反而会出现花打顶现象。

5. 分级管理

幼苗成活后及时检查，除去未成活的嫁接苗，成活嫁接苗分级管理。嫁接苗因受亲和力、嫁接技术等多方面因素的影响，会产生成活程度不一致的现象。一般嫁接苗有4种情况，即完全成活、不完全成活、假成活、不成活。对接口愈合稍差，生长缓慢的小苗，放在温度、光照条件较好的位置集中管理，创造良好的条件，使其逐渐赶上大苗；而对于接口愈合不良、难以恢复生长的苗子则淘汰。成活好的幼苗进入正常管理。随幼苗生长逐渐拉大苗距，避免相互遮阴。苗床应保证良好的光照、温度、湿度，以促进幼苗生长。番茄嫁接苗容易倒伏，应立杆或支架绑缚。幼苗定植前注意炼苗。

6. 低温锻炼

嫁接苗成活后光照、温度、水分管理同常规育苗。定植前7～10天，进行低温锻炼，逐渐增加通风，降低苗床温度，以提高嫁接苗的抗逆性，定植后易成活。

三、 田间管理

1. 肥水管理

嫁接苗根系发达，前期生长旺盛，吸收肥水能力强，应适当减少基肥用量。坐果之前少施肥或不施肥，以防止营养生长过旺影响坐果。坐果后增加磷、钾肥供应，满足生育需要。

2. 病虫害防治

嫁接的主要目的之一是避免土传病害，但由于病原菌新生理小种分化，或者嫁接目的之外的病原菌侵染，而当接穗又无抵抗能力时常常会引起接穗发病。用已染病接穗嫁接也会导致砧木发病。所以，即使进行嫁接栽培，仍需要加强病虫害防治，尤其是及时检查嫁接植株，避免由接穗重新发根入土引起病原菌入侵。为此，除选用合适砧木外，还要注意适当提高嫁接部位，栽植幼苗时接口部位高出地面1～2厘米，定植或起垄时不要让接口接触土壤。

3. 环境调节

嫁接在一定程度上改善了蔬菜逆境适应性，如用黑籽南瓜嫁接黄瓜提高黄瓜耐低温能力，但栽培过程中仍要注意改善光温条件，尤其注意防止连阴天温室、大棚内的持续低温危害，如寒害、沤根等。

4. 密度和植株调整

嫁接苗生长旺盛，分枝力强，应适当稀植，尤其是采用嫁接苗冬季一大茬栽培，更应注重发挥嫁接栽培优势，以挖掘个体增产潜力为主，将株行距适当增加，这样也有利于改善群体通风透光条件，减少病虫害发生。同时嫁接苗侧枝萌发力强，坐果前要及时进行植株调整，但不可整枝过度影响根系发育。

第四章
蔬菜育苗新技术

第一节
无土育苗

一、 无土栽培的发展

无土栽培是指不用天然土壤，而用营养液或固体基质加营养液栽培的方法。其中的固体基质或营养液代替传统的土壤向植物体提供良好的水、肥、气、热等根际环境条件，使得植物体完成整个生长过程。

19世纪中，德国人在实验室中成功用营养液进行植物栽培，使得人类的种植活动可以离开土壤，为农业、园艺、园林苗木的生产实现工厂化、自动化奠定了基础。在商品化应用的过程中，无土栽培形成了各种各样的栽培方式，包括水培、雾培、基质栽培等。

二、 无土育苗的概念及特点

1. 无土育苗的概念

无土育苗是指不用天然土壤，而用草炭、蛭石、珍珠岩、岩棉、椰子壳、蔗渣等人工或天然基质配合适当的营养液或单纯采用营养液进行育苗的技术。若以营养液的形式来供应幼苗生长所需的营养,又称为营养液育苗。无土育苗除了应用于无土栽培外,也广泛应用于土壤栽培。

2. 无土育苗的优缺点

(1) 优点

① 降低劳动强度,节水省肥,减轻土传病虫害。无土育苗按需供应营养和水分,省去了大量的床土和底肥,既隔绝了苗期土传病虫害的发生,又降低了劳动强度。

② 便于运输、销售。无土育苗所用的基质一般容重轻,体积小,保水保肥性好,便于秧苗长距离运输和进入流通领域。

③ 提高空间利用率。无土育苗所用的设施设备规范化、标准化,可进行多层立体培育,大大提高了空间利用率,增加了单位面积育苗数量,节省了土地面积。

④ 幼苗素质高,苗齐、苗全、苗壮。由于设施形式、环境条件及技术条件的改善,无土育苗所培育的秧苗素质优于常规土壤育苗,表现为幼苗整齐一致,生长速度快,育苗周期缩短,病虫害减少,壮苗指数提高。由于幼苗素质好,抗逆性强,根系发达、健壮,定植之后缓苗期短或无缓苗期,为后期生长奠定了良好的基础。

⑤ 便于集约化、科学化、规范化管理和实现育苗工厂化、机械化与专业化。

(2) 缺点 无土育苗较有土育苗要求更高的育苗设备和技术条件,成本相对较高。而且无土育苗根毛发生数量少,基质的缓冲能力差,病害一旦发生容易蔓延。

三、 无土育苗的主要方式

1. 塑料钵育苗

塑料钵育苗应用广泛,常用的有定植杯和营养钵 (图 4-1)。

定植杯为用塑料爪模制成侧面和底面有孔穴的育苗杯，常用容积为200~800毫升。在杯内盛装砾石或其他基质，然后集中放在育苗槽内进行播种育苗。在出苗前槽底灌一层清水，出苗后改为灌一层深1.5~2厘米的营养液，待苗长大后，直接定植到栽培槽上的定植孔中，根则从底部和侧面的小孔中伸入到营养液中，主要用于果菜类育苗。营养钵的外形有圆形和方形，组成有单个钵和联体钵；塑料种类有聚乙烯钵和聚氯乙烯钵。目前主要用聚乙烯制成的单个软质圆形钵，上口直径和钵高为8~14厘米，下口直径为6~12厘米，底部有一个或多个渗水孔利于排水。育苗时根据作物种类、苗期长短和苗大小选用不同规格的钵。蔬菜育苗多使用上口直径8~10厘米，底径6~8厘米，钵高8~10厘米的钵，主要用于育大苗，常用于基质栽培。茄果类育苗一般选用口径8厘米的钵即可，瓜类则选用口径为10厘米的钵为宜。一次成苗的作物可直接播种；需要分苗的作物则先在播种床上播种，待幼苗长至一定大小后再分苗至钵中。单一基质或混合基质均可。营养液从上部浇灌或从底部渗灌。硬质塑料联体钵一般由50~100个钵联成一套，每钵的上口直径2.5~4.5厘米，高5~8厘米，可供分苗或育成苗。

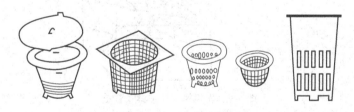

图4-1　各种成型塑料有孔育苗钵

2. 岩棉块育苗

岩棉块的规格主要有3厘米×3厘米×3厘米、4厘米×4厘米×4厘米、5厘米×5厘米×5厘米、7.5厘米×7.5厘米×7.5

厘米、10 厘米×10 厘米×5 厘米等。较大的方块面中央开有一个小方洞，用以嵌入一块小方块，小方洞的大小刚好与嵌入的小方块相吻合，称为"钵中钵"（图 4-2）。岩棉块除上下两个面外，四周用乳白色不透光的塑料薄膜包裹，以防止水分蒸发、四周积盐及滋生藻类。育苗时先用小岩棉块，在面上割一小缝，将已催好芽的种子置于小缝中，播种宜浅不宜深，然后集中放入育苗槽中，开始用稀薄营养液浇湿，保持湿润。待出苗后槽底保持厚约 0.5 厘米一薄层营养液，靠底部毛细管作用供水供肥。后期再将小岩棉块移入大育苗块中，然后排在一起，并随着幼苗的长大逐渐拉开育苗块距离，避免幼苗之间互相遮光。移入大育苗块后，营养液层可维持 1 厘米深度。另外一种供液方法是将育苗块底部的营养液层用一条 2 厘米厚的无纺布代替，无纺布垫在育苗块底部 1 厘米左右的一边，并通过滴灌向无纺布供液，利用无纺布的毛细管作用将营养液传送到岩棉块中。此法的效果好于浇液法和浸液法。

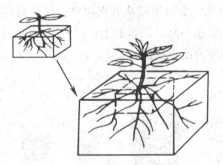

图 4-2 岩棉块"钵中钵"育苗

3. 穴盘育苗

育苗穴盘是按照一定的规格制成的带有很多小型钵状穴的塑料盘（图 4-3），分为聚乙烯薄板吸塑而成的穴盘和聚苯乙烯或聚氨酯泡沫塑料模塑而成的穴盘。普通无土育苗和工厂化育苗均可使用。用于机械化、工厂化播种的穴盘规格一般是按自动精播生产线的规格要求制作，国际上使用的穴盘外形大小多为 27.8 厘米×54.9 厘米，小穴深度按孔大小而异，3～10 厘米不等。根据穴盘孔穴数目和孔径大小，穴盘分为 50 孔、72 孔、105 孔、128 孔、200 孔、288 孔、392 孔、512 孔、648 孔等不同规格，其中 72 孔、105 孔、128 孔、288 孔穴盘较常用。穴盘的规格及制作材料各不相同，如在形状上可制成方锥穴盘、圆锥穴盘、可分离式穴盘等；在制作材料上有纸格穴盘、聚乙烯穴盘、聚苯乙烯穴盘等。依据育苗的用途和作物种类，可选择不同规格的穴盘。使用时先在孔穴中盛装轻型基质材料如草炭、蛭石等，然后进行播种。播种时一穴一至二粒种子，成苗时一穴一株。每个孔穴底部均有漏水孔，可一次成苗或仅培育小苗供移苗用。从装填基质、洒水、压孔、播种、覆盖基质到洒水等一系列作业都可以实现机械化和自动化操作。

穴盘规格及相应商品苗的成苗标准如下。

① 番茄、茄子：6～7 叶苗，72 穴盘（单穴规格：4 厘米×4 厘米×5.5 厘米）。

② 甜椒：7～8 叶苗，128 穴盘（单穴规格：3 厘米×3 厘米×4.5 厘米）。

③ 甘蓝类蔬菜：5～6 叶苗，128 穴盘；6～7 叶苗，72 穴盘。

④ 芹菜：5～6 叶苗，200 穴盘（单穴规格：2.3 厘米×2.3 厘米×3.5 厘米）。

⑤ 夏季播的花椰菜、甘蓝、茄子：4～5 叶苗，128 穴盘。

穴盘育苗的基质可用 2～3 份草炭加 1 份蛭石混合而成，根系与基质密接件好，不易散坨，同时用蛭石作覆盖种子的材料，既轻便、保温，通气性和保湿性又好，利于种子发芽。此外还可用其他基质，如甘蔗渣、椰子壳、煤渣、砻糠灰等。

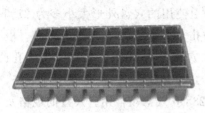

图 4-3　穴盘

4. 泡沫小方块育苗

适用于深液流水培或营养液膜栽培。用一种育苗专用的聚氨酯泡沫小方块平铺于育苗盘中，育苗块大小约 4 厘米见方，高约 3 厘米，每一小块中央切一 "×" 形缝隙，将已催芽的种子逐个嵌入缝隙中，并在育苗盘中加入营养液，让种子出苗、生长，待成苗后一块块分离，定植到种植槽中（图 4-4）。

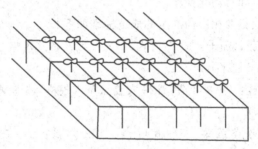

图 4-4　聚氨酯泡沫育苗块

其他无土育苗方式还有育苗箱育苗和育苗筒育苗等。生产上可根据具体情况灵活选择育苗方式。

四、 无土栽培的营养液

营养液的配制与管理是无土栽培技术的核心技术。营养液含有植物生长发育所必需的各种营养元素的化合物，以及少量为使所配制的营养元素有效性更为长久的辅助材料，将二者按一定的数量和比例溶解于水中配制成的平衡溶液即为营养液。无论是固体基质栽培还是非固体基质栽培，营养液为植物生长提供所需的水分和养分。营养液配方的选择及其能否够满足植物各个不同生长阶段的要求是无土栽培成功的关键因素。

不同植物所需要的营养元素不同，即便是同一种植物在不同的生长发育阶段，对于各种营养元素的需求也会有所区别。对于不同植物应选择合适的营养液配方。在整个生命周期应不断对营养液配方进行合理调整，来满足不同生长阶段植物体所需要的养分和水分。调整时要考虑营养液 pH 的变化、各种元素浓度的变化等。

（一）营养液的种类

在实际生产中，为了使用方便，把营养液分为原液、母液和工作液（图 4-5）。

原液是指按照标准营养液配方所标识的元素含量来配置的平衡溶液。母液又叫浓缩营养液，是在标准营养液配方的基础上按照浓缩的倍数配置的浓溶液。工作液又叫栽培营养液，可以通过母液稀释或按配方直接配置得来。

图 4-5　营养液的种类

（二）母液的配制

在实际生产应用上，可采用先配制母液然后用母液配制工作液的方法配制营养液，也可以称取各种营养元素化合物直接配制工作液。可根据实际需要来选择一种配制方法。但不论是选择哪种配制方法，都要在配制过程中以不产生难溶性物质沉淀为总的指导原则来进行。

生产上，为了避免短时间内多次配制工作液的烦琐，先按照一定的倍数，配成一定浓度的母液，使用时再取部分母液稀释，同样可以避免由于每次称取的量偏小而造成较大的误差及加大工作量。

配制时，为了防止产生沉淀，不能将配方中的所有化合物放在一起溶解。因为伴随着母液浓度的加大，一些离子在一起会产生沉淀，这就要求配制母液时把可能沉淀的物质分开溶解。浓缩的倍数根据配方中各种化合物的用量及其溶解度来确定。大量元素一般可配制成浓缩 100 倍、200 倍、250 倍或 500 倍液；微量元素由于其用量少，可配制成 500 倍或 1000 倍液。

化合物的分类是把相互之间不会产生沉淀的化合物放在一起溶解。一般分为以下三类。

A 液——以钙盐为中心，凡不与钙盐产生沉淀的化合物均可放置在一起溶解。

B 液——以磷酸盐为中心，凡不与磷酸盐产生沉淀的化合物可放置在一起溶解。

C 液——将微量元素以及稳定微量元素有效性（特别是铁）的络合物放置在一起溶解。

各母液的浓缩倍数及主要组成物质见图 4-6。

配制母液时，母液的浓缩倍数一方面根据配方中各种化合物的用量和溶解度来确定，另一方面应该是容易操作的整数倍。

母液的配制方法如下。

A 母液和 B 母液：依据浓缩倍数和体积计算 A 母液、B 母液中各化合物的用量，正确称取，按次序依次加入水中，必须充分搅拌，还要注意要等到前一种肥料充分溶解之后再加入后一种，全部溶解后加水到所需体积。

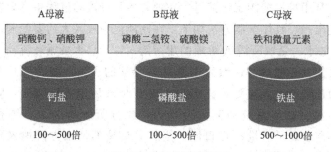

图 4-6 各母液的组成

C 母液：先量取所需配制体积 2/3 的清水，分为两部分，分别放入两个容器中，分别称取硫酸亚铁和 Na_2-EDTA 到两个容器中，各自溶解。溶解后，将溶有硫酸亚铁的溶液缓慢倒入 Na_2-EDTA 溶液中，边加边搅拌；然后再称取其他的微量元素化合物，分别在小烧杯中溶解，之后加入到 Na_2Fe-EDTA 溶液中，边加边搅拌；最后加清水到所需体积。如图 4-7 所示。

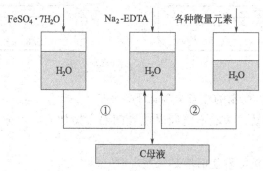

图 4-7 C 液配置示意图

为了防止长时间储存浓缩营养液产生沉淀，可加入 1 摩尔/升 H_2SO_4 或 HNO_3 酸化至溶液的 pH3～4；同时应将配制好的浓缩母液置于阴凉避光处保存。浓缩 C 母液最好用深色容器储存。

（三）工作液的配制

　　利用母液配制工作液时，在加入各种母液的过程中也要防止沉淀出现。具体配制方法如下：在储液池中放入大约要配制体积2/3的水，量取所需 A 母液的用量倒入，开启水泵循环流动或搅拌器使其扩散均匀；然后再量取 B 母液的用量，缓慢将其倒入储液池的清水入口处，让水源冲稀 B 母液后带入储液池，同样开启水泵循环系统使其混合均匀，此时所加水量为总体积的80%左右；最后量取 C 母液，依照 B 母液的加入方法加入到储液池中，水泵循环或搅拌均匀，定容所需体积，即完成工作液的配制（图 4-8）。

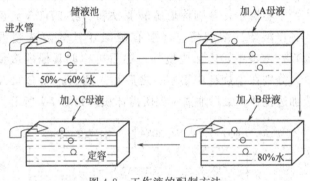

图 4-8　工作液的配制方法

工作液配制的注意事项如下。

　　① 钙盐、磷盐不能同时或者间隔太短加入，水循环之后再加入。

　　② 有沉淀发生时应延长循环时间。

（四）常见营养液的配方介绍

1. 园试配方

　　目前，园试配方使用比较广泛。

　　A：硝酸钙 945 克/吨，硝酸钾 809 克/吨。

　　B：磷酸二氢铵 153 克/吨，硫酸镁 493 克/吨。

　　C：硼酸 2.86 克/吨，硫酸锰 2.13 克/吨，硫酸锌 0.22 克/

吨，硫酸铜0.08克/吨，钼酸铵0.02克/吨，螯合铁20～40克/吨。

2. 霍格兰通用营养液配方

A：硝酸钙945毫克/升，硝酸钾607毫克/升。

B：磷酸铵115毫克/升，硫酸镁493毫克/升

C：铁盐溶液2.5毫克/升，微量元素液5毫克/升。pH＝6.0。

铁盐溶液：七水硫酸亚铁2.78克，乙二胺四乙酸二钠3.73克，蒸馏水500毫升。pH＝5.5。

微量元素液：碘化钾0.83毫克/升，硼酸6.2毫克/升，硫酸锰22.3毫克/升，硫酸锌8.6毫克/升，钼酸钠0.25毫克/升，硫酸铜0.025毫克/升，氯化钴0.025毫克/升。

3. 山崎营养液配方

A：硝酸钙830克，硝酸钾610克。

B：硫酸镁500克，磷酸二氢钾120克。

C：铁螯合物20克。

水1000升。

4. 希勒尔营养盐配方（毫克/升）

磷酸二氢铵800，硫酸亚铁15，硝酸钾1800，硼酸钠2，硝酸铵150，硫酸锰2，磷酸二氢钙200，硫酸铜1，硫酸钙2，硫酸锌1，硫酸镁120。该配方中核心成分的比例为$N：P_2O_5：K_2O＝1：1：1.75$。

五、水培技术

（一）水培的优缺点

水培是无土栽培中最早采用的方式，指植物部分根系浸润在营养液中，而另一部分根系裸露在空气中的一类无土栽培方法。

水培可以直接供给植物生长所需的养分和水分，为生长提供了优越的条件，有利于植物生长。这种培养方式不受环境条件的限制，管理方便、性能稳定、便于机械化管理。水培要求一定的设备，比普通育苗成本高。

（二）水培设备

水培用的容器可用花盆、水桶、水箱、水培槽等，大规模生产常用水培槽。水培槽宽度一般不超过 1.5 米，以便于操作，长度不限。水培槽又可分为水平式水培槽（图 4-9 和图 4-10）和流动式水培槽（见图 4-11）。

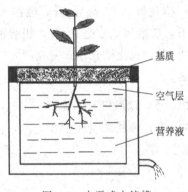

基质

空气层

营养液

图 4-9　水平式水培槽

（三）水培技术

根据营养液液层的深度、设施结构和供氧、供液等管理措施的不同，水培可以分为深液流水培技术、营养液膜技术和浮板毛管技术。

1. 深液流水培技术

深液流水培技术是最早成功应用于商业化种植的无土栽培技术，由于设备材料的不同和设计上的差异，有很多种类问世。

目前常用的是改进型神园式装置（图 4-12），在我国大面积推广使用。它建造方便、设施耐用、管理简单。该装置主要包括

图 4-10 水培樱桃番茄

图 4-11 流动式水培槽

种植槽、定植板或定植网框、储液池、营养液循环流动系统四部分。

2. 营养液膜技术

营养液膜技术是指将植物种植在浅层流动营养液中的水培方法。我国于 1984 年在南京开始应用此项技术进行无土栽培,效果良好。其设施结构由种植槽、储液池、营养液循环流动装置三部分组成。此外还可以根据实际生产需要及自动化程度的不同,适当配置一些其他辅助设施(图 4-13 和图 4-14)。

(四)水培在育苗中的应用

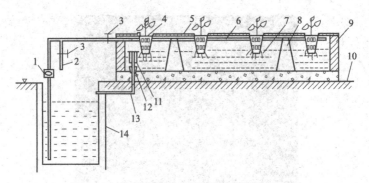

图 4-12　改进型神园式深液流水培设施示意图

1—水泵；2—充氧支管；3—阀门；4—定植杯

5—定植板；6—供液管；7—营养液；8—支承墩；9—种植槽；10—地面；

11—液层控制管；12—橡皮塞；13—回流管；14—储液池

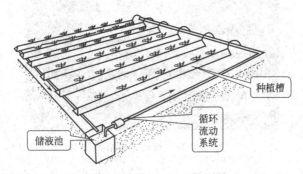

图 4-13　营养液膜技术的组成

　　水培可进行播种育苗和扦插育苗。播种时种子撒在苗床的基质上（水培基质起固定作用，常用通气、保水材料），基质预先浇透营养液。一般水培播种苗比土壤中播种苗生长好。

　　水培蔬菜播种育苗步骤如下：

　　将育苗盘每个孔内装入半孔深的蛭石，每穴放入 3～4 粒种子，根据种子的大小覆盖 0.5～2 厘米厚的覆盖物，然后将育苗盘及托盘放入半盆深的水中，使覆盖物自然吸收水分。当表层覆盖物湿透时即可拿出，将托盘中的水倒出，将育苗盘盖上育苗盘

图 4-14 营养液膜技术

盖放入托盘中，放在平稳地方等其发芽（图 4-15）。

图 4-15 辣椒水培育苗

　　水培扦插育苗主要是利用无土栽培的环境特别容易诱导出蔬菜的不定根这一特点，摘取蔬菜的嫩枝进行育苗（图 4-16）。可以采用扦插育苗的蔬菜品种有番茄、茄子、黄瓜、空心菜、紫背天葵、无籽西瓜、辣椒、白菜、豆瓣菜、番薯叶、马铃薯等。尤其是无籽西瓜扦插育苗可节省大量的种子，是解决无籽西瓜制种困难、产种量低、不易大面积推

广的有效措施。番茄、无籽西瓜、黄瓜、茄子等扦插时一般
取侧枝上的生长部位。部位不同时，茎组织的老嫩程度和营
养物质的含量不同，水插后发根的速度和数量也不同。一般
枝条顶端水插后发根多，移栽后生长快，开花结果多。因此，
水插育苗的插条，以选择整枝时粗壮的侧枝为好，每株番茄
可取 7~8 个插枝。插条的长度以 8~12 厘米为宜，插条切口
要平滑，并在室内自然干燥愈合后再进行扦插，以减少水扦
插中的腐烂，并增加发根数和根长度。白菜、甘蓝扦插，多
采用叶插繁殖：取叶球中层或内层叶片切取一段中肋，带有
一个腋芽及一小块茎的组织。还可用植物生长调节剂进行处
理。应用植物生长调节剂，如吲哚乙酸、吲哚丙酸、吲哚丁
酸、萘乙酸 2,4-D 等，均能促进扦插材料生根，提高成活率。
不同的扦插材料对不同生长调节剂敏感程度不同，故不同材
料应选用不同种类、不同浓度的植物生长调节剂处理。

图 4-16　马铃薯扦插育苗

六、　雾培技术

　　雾培又称气雾培、喷雾培、气雾栽培，是利用喷雾装置将营
养液雾化后直接喷射到植物根系上，从而为植物提供水分和养分
的一种无土栽培方式。雾培是所有无土栽培技术中解决根系水气

矛盾的最好形式。雾培可以分为气雾培和半气雾培两种类型。气雾培是指根系完全生长在雾化的营养液中;而半气雾培是指一部分根系浸没在营养液层中,另一部分根系则生长在雾化的营养液中。为防止绿藻的产生,雾培的植株根系应悬挂生长在封闭、不透光的容器内。

　　雾培易于自动化控制和进行立体栽培,提高温室的利用效率。雾培最早用来种植生菜、黄瓜、番茄等,更多的见于观光园内(图4-17~图4-19)。

图4-17　柱式雾培蔬菜

图4-18　雾培蔬菜

　　雾培用在育苗上也叫气雾快繁(图4-20和图4-21),是当前最先进的一种育苗方法,它与基质快繁相比,生根速度更快,成活率更高。

图 4-19　箱式雾培蔬菜

图 4-20　番茄雾培扦插繁殖

图 4-21　雾培扦插生根

主要是由于离体材料的切口是暴露于定植板的气雾室或气雾槽中，而且是完全悬空的状态，具有很充足的通气供氧环境，不会因基质过湿而缺氧腐根，离体材料切口部位的细胞分裂及根原基的发育能够获取充足的能量与营养物质，这是生根快的主导因素。另外，以空气为介质后，病菌滋生受到最大的限制。而常规快繁中常出现高温季节苗床滋生细菌、真菌，从而使切口导管堵塞，虽环境水量充足，但离体材料还是枯萎，主要是水分的正常运输受到了影响。气雾快繁能为根系的生长，创造最小的机械阻力环境，也能在某种程度上促进根系的发育。固态基质，如珍珠岩或蛭石等，虽有好的物理性状，但总会对根系的伸长生长及壮根生长带来或多或少的机械阻力，而在气雾中，根系可以完全自由地舒展。因此采用气雾快繁培育不仅使植株根系更为发达（图4-22），成活率更高，而且移栽更为方便，可以实现裸根全苗无损伤移栽。气雾快繁比原来基质法要缩短1/2～1/4的时间，成活率提高20％～30％。气雾法唯一的缺点，就是一旦停电，对外界气候波动的适应性极差，如处理不慎就会造成大的损失，如失水旱害而死苗，必须采用精确的计算机控制系统及配备发电机。

图4-22　番茄插枝气雾快繁3～5天形成的根系

七、 固体基质栽培

基质是无土栽培的基础，即使采用水培方式，育苗期间也需要少量基质来固定和支持作物。常用的基质种类繁多，有砂、石砾、珍珠岩、蛭石、岩棉、草炭、锯木屑、炭化稻壳、各种泡沫塑料和陶粒等。新型基质也在不断开发和使用，如米糠。因基质栽培设备简单、投资较少、管理容易、基质性能稳定，并有较好的实用价值和经济效益，所以基质栽培发展迅速。

（一） 固体基质的作用

1. 支持和固定植物

这是固体基质的基本作用。基质使植物保持直立，使植株有正常的生长姿态，使植物根系能够充分吸收养分和氧气。

2. 保持水分

固体基质都具有一定的保水能力。基质之间的持水能力差异很大。如珍珠岩，它能够吸收相当于本身重量 3～4 倍的水分；泥炭则可以吸收相当于本身重量 10 倍以上的水分。基质具有一定的保水性，可以防止供液间歇期和突然断电时，植物由于吸收不到水分和养分而干枯死亡。

3. 透气

固体基质的孔隙存有空气，可以为植物根系呼吸提供氧气。固体基质的孔隙也是吸持水分的地方。因此，要求固体基质既具有一定量的大孔隙，又具有一定量的小孔隙，两者比例适当，可以同时满足植物根系对水分和氧气的双重需求，以利根系生长发育。

4. 缓冲作用

缓冲作用是指固体基质能够给植物根系的生长提供一个稳定环境的能力，即当根系生长过程中产生的有害物质或外加物质可能会危害到植物正常生长时，固体基质会通过其本身的一些理化性质将这些危害减轻甚至化解。具有物理化学吸收能力的固体基质如草炭、蛭石都有缓冲作用，称为活性基质；而不具有缓冲能力或缓冲能力较弱的基质，如河沙、石砾、岩棉等称为惰性基质。

5. 提供营养的作用

泥炭、木屑、树皮等有机基质能为植物苗期或生长期提供一定的矿质营养。

（二）基质的种类和性能

基质的种类：从基质的来源划分为天然基质（如沙子、石砾、蛭石等）和合成基质（如岩棉、陶粒、泡沫塑料等）；从基质的化学组成划分为无机基质（如岩棉、陶粒、蛭石、珍珠岩、砂、石砾、炉渣等，其中砂、石砾、炉渣为天然的，其他为人工合成的）和有机基质（如泥炭、腐殖质、蔗渣、树皮、苔藓、锯木屑等）；从基质的组合划分为单一基质和复合基质；从基质的性质划分为活性基质（如泥炭、蛭石）和惰性基质（如砂、石砾、岩棉、泡沫塑料）。

1. 岩棉

岩棉是人工合成的无机基质。成型的大块岩棉（图 4-23）可切割成小的育苗块或定植块，还可以将岩棉制成颗粒状（俗称

图 4-23　岩棉块

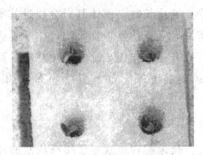

图 4-24　岩棉块育苗

粒棉）。由于岩棉使用简单、方便、造价低廉且性能优良，岩棉培被世界各国广泛运用。无土栽培中岩棉主要应用在三个方面：一是用岩棉进行育苗（图 4-24）；二是用在循环营养液栽培（如营养液膜技术，NFT）中，固定植株；三是用在岩棉基质的袋培滴灌技术中。

　　岩棉制造过程是在 1500～2000℃高温条件下进行的，因此，它是进行过完全消毒的，不含病菌和其他有机物，可直接使用。经压制成型的岩棉块在种植作物的整个生长过程中不会产生形态上的变化。岩棉的外观是白色或浅绿色的丝状体，容重一般为 70～100 千克/米^3；孔隙度大，可达 96%，吸收力很强，可吸收相当于自身重量 13～15 倍的水分。岩棉吸水后，会因其厚度的不同，含水量从下至上而递减，空气含量则自下而上递增。处于饱和态的岩棉，水分和空气所占比例为 13：6。未使用过的新岩棉的 pH 值较高，一般为 pH7～8，使用前需用清水漂洗，或加少量酸，经调整后的农用岩棉 pH 值比较稳定。岩棉纤维不吸附营养液中的元素离子，营养液可充分提供给作物根系吸收和利用。

2. 蛭石

　　蛭石（图 4-25）是由云母类矿物加热至 800～1100℃形成的海绵状物质。质地较轻，每立方米重 80～160 千克，容重较小

（0.07～0.25 克/厘米³），总孔隙度 95%，气水比 1∶4.34，具有良好的透气性和保水性，电导率为 0.36 毫西/厘米，碳氮比低，阳离子代换量较高，具有较强的保肥力和缓冲能力。蛭石中含较多的钙、镁、钾、铁，可被作物吸收利用。蛭石的 pH 值因产地不同、组成成分不同而稍有差异。一般均为中性至微碱性。当与酸性基质如泥炭混合使用时不会发生问题，单独使用时如 pH 值太高，需加入少量酸调整。蛭石可单独用于水培育苗，或与其他基质混合用于栽培。无土栽培用蛭石粒径在 3 毫米以上，用作育苗的蛭石可稍细些（0.75～1.0 毫米）。使用新蛭石时，不必消毒。蛭石的缺点是易碎，长期使用时，结构会破碎，孔隙变小，影响通气和排水。因此，在运输、种植过程中不能受重压，不宜用作长期盆栽植物的基质。一般使用 1～2 次后，可以用作肥料施入到土壤中或经再生处理后使用。

图 4-25　蛭石

3. 珍珠岩

珍珠岩（图 4-26）是由一种灰色火山岩（铝硅酸盐）加热至 1000℃左右时，岩石颗粒膨胀而形成的。它是一种封闭的轻质团聚体，白色、质轻，呈颗粒状，粒径为 1.5～4 毫米，容重 0.13～0.16 克/厘米³，总孔隙度 60.3%，气水比为 1∶1.04，可容纳自身重量 3～4 倍的水，易于排水和通气，化学性质比较稳定，含有硅、铝、铁、钙、锰、钾等元素的氧化物，电导率为

0.31毫西/厘米，酸碱性呈中性，阳离子代换量小，无缓冲能力，不易分解，但遭受碰撞时易破碎。

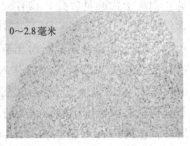

图 4-26　珍珠岩

　　珍珠岩没有吸收性能，其中的养分多为植物不能吸收利用的形态。珍珠岩是一种较易破碎的基质，在使用时主要有两个问题值得注意：一是粉尘污染较大，使用前最好先用水喷湿，以免粉尘纷飞；二是在淋水较多时会浮在水面上，不易与植物根系密贴，所以多用于扦插或配制混合基质。

4. 膨胀陶粒

　　膨胀陶粒（图 4-27）又称多孔陶粒、轻质陶粒或海氏砾石，它是用陶土在 $800\sim1100℃$ 的高温陶窑中煅烧制成，容重为 1.0 克/厘米^3。膨胀陶粒坚硬，不易破碎。陶粒最早是作为保温隔热材料来使用的，后由于其通透性好而应用于无土栽培中。

　　膨胀陶粒的化学组成和性质受陶土成分的影响，其 pH 值变化在 $4.9\sim9.0$ 之间，有一定的阳离子代换量（CEC 为 $6\sim21$ 毫摩/100 克）。

　　膨胀陶粒作为基质，其排水通气性能良好，而且每个颗粒中间有很多小孔可以持水，常与其他基质混用，单独使用时多用在循环营养液的种植系统中，也用来种植需要通气较好的花卉，如兰花等。

　　在较为长期的连续使用之后，膨胀陶粒内部及表面吸收的盐

图 4-27 膨胀陶粒

分会造成通气和养分供应上的困难，且难以用水洗涤干净。另外，由于膨胀陶粒的多孔性，长期使用之后有可能造成病菌在颗粒内部积累，而且在清洗和消毒上较为麻烦。

目前市场上有一种新型陶粒叫陶化营养土，是在土中直接加入植物生长所需的各种微量元素，经 850℃ 高温烧制而成的颗粒。该种陶粒加水后，植物的毛细根可以直接吸收颗粒内的营养元素，一段时间后，根据不同植物对营养成分的消耗情况，只需将营养液加入陶粒即可，可反复使用。

5. 炉渣

炉渣（图 4-28）容重适中，为 0.78 克/厘米³，有利于固定作物根系。总孔隙度 55%，大孔隙为 22%，小孔隙为 33%。持水量为 17%，电导率为 1.83 毫西/厘米，碳/氮比低，pH 值比较高，为 8.3。含有较多的速效磷、碱解氮和有效磷，并且含有植物所需的多种微量元素，如铁、锰、锌、铝、铜等。与其他基质混用时，可不加微量元素。未经水洗的炉渣 pH 较高。炉渣必须过筛方可使用。粒径较大的炉渣颗粒可作为排水层材料，铺在栽培床的下层，用编织袋与上部的基质隔开。炉渣不宜单独用作基质，在基质中的用量也不宜超过 60%（体积分数）。

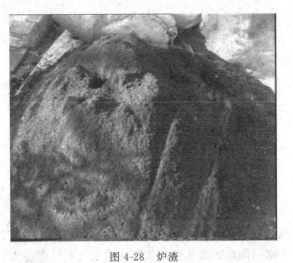

图 4-28 炉渣

6. 砂

砂（图 4-29）来源广泛，价格便宜，主要用作砂培的基质。不同地方、不同来源的砂，其组成成分差异很大。一般含二氧化硅 50％以上。砂的 pH 值 6.5～7.8，容重为 1.5～1.8 克/厘

图 4-29 砂

米^3，总孔隙度为 30.5%，气水比为 1∶0.03，碳/氮比和持水量均低，没有阳离子代换量，电导率为 0.46 毫西/厘米。使用时以选用粒径为 0.5～3 毫米的砂为宜。砂太粗则通气透水能力增强，保肥保水能力变差，导致植株易缺水，营养液的管理不便；而太细则易积水，造成植株根际缺氧，形成涝害。

无土栽培前，要确保砂中不含有毒物质。海砂通常含较多的氧化钠，要用清水冲洗干净后才能使用。砂中的碳酸钙含量低于 20% 才可使用，超过 20% 的要用过磷酸钙处理。方法是将 2 千克过磷酸钙溶于 1000 升水中，用其浸泡砂 30 分钟后将液体排掉，使用前再用清水冲洗。砂在栽培上作为基质应用时必须注意使用前应进行过筛、冲洗，除去粉粒及泥土；以采用间歇供液法为好，因连续供液法会使砂内通气受阻。

7. 石砾

石砾（图 4-30）是砾培基质，来源于河边的石子或采石场。石砾容重为 1.5～1.8 克/厘米^3，不具有阳离子代换量，保水保肥能力差，通气排水性好。一般应选用非石灰性花岗岩，否则会影响营养液的 pH 值，使用前必须用过磷酸钙处理，方法同砂处理。石砾的粒径应在 1.3～20.0 厘米，其中 13 毫米左右部分占50% 以上，坚硬，棱角钝。由于砾石重、搬运和消毒受限，供液管理上比较严格，使用范围不大，通常用作深液流栽培的填充物，随着无土栽培的发展，逐渐被岩棉、陶粒取代。

8. 草炭

草炭又称泥炭（图 4-31），是泥炭藓、灰藓、苔藓和其他水生植物的分解残留体，是迄今为止世界公认最好的无土栽培基质之一。草炭无菌、无毒、无污染，通气性能好，质轻、持水、保肥、有利于微生物活动，营养丰富，既是栽培基质，又是良好的土壤改良剂，并含有较多的有机质、腐殖酸及营养成分。草炭容重为 0.2～0.6 克/厘米^3，总孔隙度为 77%～84%，持水量为

图 4-30 石砾

图 4-31 草炭

50%～55%，电导率为 1.1 毫西/厘米，阳离子代换量属中或高，碳/氮比低或中，含水量为 30%～40%。草炭几乎在世界所有国家都有分布，但分布很不均匀，北方多，南方少。我国北方出产的草炭质量较好。

　　根据草炭形成的地理条件、植物种类和分解程度的不同，可将草炭分为低位草炭、高位草炭和中位草炭三大类。低位草炭分布于低洼的沼泽地带，宜直接作为肥料来施用，而不宜作为无土栽培的基质；高位草炭分布于低位草炭形成的地形的高处，以苔藓植物为主，不宜作为肥料直接使用，宜作肥料的吸持物，在无土栽培中可作为复合基质的原料；中位草炭是介于高位草炭和中位草炭之间的过渡类型，可在无土栽培中使用。

9. 甘蔗渣

　　甘蔗渣来源于甘蔗制糖业的副产品，作为无土栽培基质，其来源很丰富。新鲜甘蔗渣（图4-32）的碳/氮比值很高，可达170左右，不能直接作为基质使用，必须经过堆沤处理后才能够使用。堆沤时可采用两种方法：一是将蔗渣淋水至最大持水量的70％～80％（用手握住一把蔗渣，刚有少量水从手指缝渗出为宜），然后将其堆成一堆并用塑料薄膜覆盖即可；二是称取相当于需要堆沤处理蔗渣干重的0.5％～1.0％的尿素等速效氮肥，溶解后均匀地洒入蔗渣中，再加水至蔗渣最大持水量的70％～80％，然后堆成一堆并覆盖塑料薄膜即可。加入尿素等速效氮肥可以加速蔗渣的分解速度，加快其碳/氮比值的降低，经过一段时间堆沤的蔗渣（图4-33），其碳/氮比值以及物理性状都发生

图4-32 甘蔗渣

图 4-33　堆沤后甘蔗渣

了很大的变化。在堆沤过程中，隔一段时间，应将覆盖的塑料薄膜打开、翻堆后重新覆盖塑料薄膜，使其堆沤分解均匀。

10. 锯末屑

锯末屑（图 4-34）是木材加工过程的副产品，在盛产木材的地方常用来代替泥炭作为无土栽培的基质，广泛用于袋栽、槽栽和盆栽等。锯末屑的化学组成随树种的不同差异很大。锯末屑的容重为 0.19 克/厘米^3，总孔隙度为 78.3%，气水比为

图 4-34　锯末屑

1：1.27,电导率为 0.56 毫西/厘米，盐基交换量高，碳/氮比高达 1000：1。尽量选用对植物无害的木屑，以黄杉、铁杉锯末最好，堆沤后使用。堆沤处理的时间至少应在 1 个月以上，最好有 2~3 个月时间的堆沤处理。因为有毒的酚类物质的分解至少需 30 天以上才能进行完全。

经过堆沤处理的锯末屑，不仅可使有毒的酚类物质分解，本身的碳/氮比值降低，而且可以增加锯末屑的阳离子代换量，CEC 可以从堆沤前的 8 毫摩/100 克提高到堆沤之后的 60 毫摩/100 克。经过堆沤后的树皮，其原先含有的病原菌、线虫和杂草种籽等大多会被杀死，在使用时不需进行额外的消毒。锯末在使用过程中，分解较慢，结构性较好，可连续使用 2~6 年，每茬使用后加以消毒。锯末屑质量轻，价格低，具有较强的吸水性和保水性，多与其他介质混用。

几种常见基质的理化性质见表 4-1。

表 4-1　几种常见基质的理化性状

基质类型	容重/(克/厘米³)	总孔隙度/%	气水比	pH	电导率/(毫西/厘米)	盐基交换量/(毫摩/100 厘米³)
岩棉	0.11	96.0	1：7.7	6.0~8.3	很低	很低
砂子	1.49	30.5	1：0.03	6.5~7.8	0.46	—
煤渣	0.78	54.7	1：1.5	8.3	1.83	—
珍珠岩	0.16	93.2	1：1.04	6.0~8.5	0.31	<1.5
蛭石	0.13	95.0	1：4.34	6.5~9.0	0.36	很低
泥炭	0.21	84.4	1：12	3.0~6.5	1.10	0.2~0.7
木屑	0.19	78.3	1：1.27	5.2	0.56	高
蔗渣	0.12	90.8	1：1.06	5.3	0.68	高

（三）基质的选用原则

无土栽培要求基质不但能为植物根系提供良好的根际环境，而且为改善和提高管理措施提供方便条件。因此，基质的选用非常重要。

基质的选用原则可以从三个方面考虑：一是植物根系的适应性；二是基质的适用性，三是基质的经济性。

1. 植物根系的适应性

无土基质的优点之一是可以创造植物根系生长所需要的最佳环境条件，即最佳的水气比例。

气生根、肉质根需要很好的通气性，同时需要保持根系周围的湿度达 80% 以上，甚至 100% 的水气。粗壮根系要求湿度达 80% 以上，通气较好。纤细根系要求根系环境湿度达 80% 以上，甚至 100%，同时要求通气良好。在空气湿度大的地区，一些透气性良好的基质如松针、锯末非常合适；而在大气干燥的北方地区，这种基质的透气性过大，根系容易风干。北方水质偏碱性，要求基质具有一定的氢离子浓度调节能力，选用泥炭混合基质的效果就比较好。

2. 基质的适用性

基质的适用性是指选用的基质是否适合所要种植的作物。总体要求是所选用的基质的总孔隙度在 60% 左右，气水比在 0.5 左右，化学稳定性强、酸碱度适中、无有毒物质。

当基质的某些性状有碍作物栽培时，如果采取经济有效的措施能够消除或者改良该性状，则这些基质也是适用的。例如，新鲜甘蔗渣的碳/氮比很高，在种植作物过程中会发生微生物对氮的强烈固定而妨碍作物的生长。但经过采用比较简易而有效的堆沤方法，就可使其碳/氮比降低而成为很好的基质。

有时基质的某种性状在一种情况下适用，而在另一种情况下就不适用。例如，颗粒较细的泥炭，对育苗是适用的，在袋培滴灌时则因其太细而不适用。栽培设施条件不同，可选用不同的基质。槽栽或钵盆栽可用蛭石、沙子作基质；袋栽或柱状栽培可用锯末或泥炭加沙子的混合基质；滴灌栽培时岩棉是较理想的基质。

3. 基质的经济性

除了考虑基质的适用性以外，选用基质时还要考虑其经济性。有些基质虽对植物生长有良好的作用，但来源不易或价格太高，因而不宜使用。现已证明，岩棉、泥炭、椰糠是较好的基质，但我国的农用岩棉仍需靠进口，这无疑会增加生产成本。泥炭在我国南方的储量远较北方少，而且价格也比较高。南方作物的茎秆、稻壳、椰糠等植物性材料很丰富，如用这些材料作基质，则来源广泛，而且价格便宜。因此，选用基质既要考虑对促进作物生长有良好效果，又要考虑基质来源容易、价格低廉、经济效益高、不污染环境、使用方便（包括混合难易和消毒难易等）、可利用时间长以及外观洁美等因素，最好能就地取材，从而降低无土栽培的成本，减少投入，体现经济性。

目前生产中，很少用到单一基质栽培（图 4-35），广泛采用混合基质。所谓的混合基质即两种或几种基质按照一定的比例混合而成（图 4-36）。生产上常根据栽植植物的种类和基质的各自特性进行配制，常见的是 2～3 种单一基质进行混合。对于混合基质的要求是容重适宜、增加孔隙度、提高水分和空气含量。

图 4-35 珍珠岩育苗

无土栽培常用的混合基质如下。

草炭∶锯末＝1∶1；

草炭∶蛭石∶锯末＝1∶1∶1；

草炭∶蛭石∶珍珠岩＝1∶1∶1；

草炭∶蛭石∶珍珠岩＝4∶3∶3；

图 4-36　混合基质育苗

草炭：蛭石＝1：1。

八、无土育苗的管理

（一）营养液管理

营养液的管理是无土栽培的关键技术，尤其在自动化、标准化程度较低的情况下，营养液的管理更重要，直接关系到营养液的使用效果，进而影响植物生长发育的质量。

育苗营养液可根据具体作物种类确定，常用配方如日本园试配方和山崎配方，使用标准浓度的 1/3～1/2 剂量，也可使用育苗专用配方。

据试验，供液早晚对幼苗生长有明显影响，从幼苗出土时开始供液与子叶展平期或第一片真叶期开始供液比较，其生长量显著增加。这说明，幼苗出土后，适当提前供液是必要的。一般在幼苗出土进入绿化室后即开始浇灌或喷施营养液，保持基质潮湿状态，但必须防止育苗容器内积液过多。不同蔬菜对营养液浓度要求不同，同一作物在不同生育时期也不一样。总体说来，幼龄苗的营养液浓度应稍低一些，随着秧苗生长，浓度逐渐提高。

营养液供给要与供水相结合，采用浇 1～2 次营养液后浇 1 次清水的办法，可以避免因基质内盐分积累浓度过高而抑制幼苗生育。夏天高温季节，每天喷水 2～3 次，每隔 1 天施肥 1 次；

冬季气温低，2～3天喷1次，喷水和施肥交替进行。

营养液供给还可以从底部供液，把水或营养液蓄在育苗床内。苗床一般用塑料板或泡沫板围成槽状，长10～20米，宽1.2～1.5米，深10厘米左右，床底平且不漏水，底部铺一层厚0.2～0.5毫米厚黑色聚乙烯塑料薄膜作衬垫，保持营养液厚度在2cm左右，通过营养液循环流动增加氧气含量。

（二）育苗期的环境调控

培育壮苗是育苗的目的。为此，要创造适宜作物育苗的环境条件，这样才能达到培育壮苗的目的。无土育苗与土壤育苗一样，必须严格控制光、温、水、气等环境因素。

1. 温度

温度是影响幼苗素质的最重要的因素。温度高低以及适宜与否，不仅直接影响到种子发芽和幼苗生长的速度，而且也左右着秧苗的发育进程。温度太低，秧苗生长发育延迟，生长势弱，容易产生弱苗或僵化苗，极端条件下还会造成冷害或冻害；温度太高，易形成徒长苗。

基质温度影响根系生长和根毛发生，从而影响幼苗对水分、养分的吸收。在适宜温度范围内，根的生长速度随温度的升高而增加；但超过该范围后，尽管其生长速度加快，但是根系细弱，寿命缩短。早春育苗中经常遇到的问题是基质温度偏低，导致根系生长缓慢或产生生理障碍。夏秋季节则要防止高温伤害。

保持一定的昼夜温差对于培育壮苗至关重要，低间夜温是控制幼苗节间过分伸长的有效措施。白天维持秧苗生长的适温，增加光合作用和物质生产，夜间温度则应比白天降低8～10℃，以促进光合产物的运转，减少呼吸消耗。在自动化调控水平较高的设施内育苗可以实行"变温管理"。阴雨天白天气温较低，夜间气温也应相应降低。不同作物种类、不同生育阶段对温度的要求不同。总体说来，整个育苗期中播种后、出苗前、移植后、缓苗前温度应高；出苗后、缓苗后和炼苗阶段温度应低。前期的气温高，中期以后温度渐低，定值前7～10天，进行低温锻炼，以增强对定植以后环境条件的适应性。嫁接以后、成活之前也应维持较高的温度。

一般情况下，喜温性的茄果类、豆类和瓜类蔬菜最适宜的发芽温度为25～30℃；较耐寒的白菜类、根菜类蔬菜，最适宜的发芽温度为15～25℃。出苗至子叶展平前后，胚轴对温度的反应敏感，尤其是夜温过高时极易徒长，因此需要降低温度，茄果类、瓜类蔬菜白天控制在20～25℃左右，夜间12～16℃，喜冷凉蔬菜稍低。真叶展开以后，保持喜温果菜类白天气温25～28℃，夜间13～18℃；耐寒半耐寒蔬菜白天18～22℃，夜间8～12℃。需分苗的蔬菜，分苗之前2～3天适当降低苗床温度，保持在适温的下限，分苗后尽量提高温度。成苗期间，喜温果菜类白天23～30℃，夜间12～18℃；喜冷凉蔬菜温度管理比喜温类降低3～5℃。几种蔬菜育苗的适宜温度见表4-2。

表4-2　几种蔬菜育苗的适宜温度

(引自王化《蔬菜现代育苗技术》，1985)

蔬菜种类	适宜气温/℃		适宜土温/℃
	昼温	夜温	
番茄	20～25	12～16	20～23
茄子	23～28	16～20	23～25
辣椒	23～28	17～20	23～25
黄瓜	22～28	15～18	20～25
南瓜	23～30	18～20	20～25
西瓜	25～30	20	23～25
甜瓜	25～30	20	23～25
菜豆	18～26	13～18	18～23
白菜	15～22	8～15	15～18
甘蓝	15～22	8～15	15～18
草莓	15～22	8～15	15～18
莴苣	15～22	8～15	15～18
芹菜	15～22	8～15	15～18

严冬季节育苗，温度明显偏低，应采取各种措施提高温度。电热温床最能有效地提高和控制基质温度。当充分利用了太阳能和保温措施仍不能将气温升高到秧苗生育的适宜温度时，应该利用加温设备提高气温。燃煤火炉加温成本虽低，管理也简单，但热效率低，污染严重。供暖锅炉清洁干净，容易控制，主要有煤炉和油炉两种，采暖分热水循环和蒸气循环两种形式。热风炉也是常用的加温设备，以煤、煤油或液化石油气为燃料，首先将空气加热，然后通过鼓风机送入温室内部。此外，还可利用地热、太阳能和工厂余热加温。

夏季育苗温度高，育苗设施需要降温，当外界气温较低时，主要的降温措施是自然通风。另外还有强制通风降温、遮阳网、无纺布、竹帘外遮阳降温，湿帘风机降温，透明覆盖物表面喷淋、涂白降温，室内喷水喷雾降温等。试验证明，湿帘风机降温系统可降低室温 5～6℃。喷雾降温只适用于耐高空气湿度的蔬菜或花卉作物。

2. 光照

光照对于蔬菜种子的发芽并非都是必需的，如莴苣、芹菜等需要一定的光照条件下才能萌发；而韭菜、洋葱等在光下却发芽不良。

秧苗干物质的 90%～95% 来自光合作用，而光合作用的强弱主要受光照条件的制约。而且光照强度也直接影响环境温度和叶温。苗期管理的核心是设法提高光能利用率，尤其在冬春季节育苗，光照时间短，强度弱，应采取各种措施，改善秧苗受光条件，这是育成壮苗的重要前提之一。夏季育苗可用遮阳网遮阴及调节高温。

育苗期间如果光照不足，可人工补光。补光的光源有很多，需要根据补光的目的来选择。从降低育苗成本角度考虑，一般选用荧光灯。补充照明的功率密度因光源的种类而异，一般为50～

150 瓦/米²。

3. 水分

水分是幼苗生长发育不可缺少的条件。育苗期间，控制适宜的水分是增加幼苗物质积累、培育壮苗的有效途径。

适于各种幼苗生长的基质相对含水量一般为 60%～80%。播种之后出苗之前应保持较高的基质湿度，以 80%～90%为宜。定植之前 7～10 天，适当控制水分，防治幼苗徒长。幼苗期适宜的空气湿度一般为白天 60%～80%，夜间 90%左右。出苗之前和分苗初期的空气湿度应适当提高。蔬菜不同生育阶段基质水分含量见表 4-3。

苗床水分管理的总体要求保证适宜的基质含水量，适当降低空气温度，应根据作物种类、育苗阶段、育苗方式、苗床设施条件等灵活掌握。工厂化育苗应设置喷雾装置，实现浇水的机械化、自动化。苗床浇营养液或水应选择晴天上午进行，低温季节育苗，水或营养液最好经过加温。采用喷雾法浇水可以同时提高基质和空气的湿度。降低苗床湿度的措施主要有合理灌溉、通风、提高温度等。

表 4-3　不同生育阶段基质水分含量（相当于最大持水量的百分数）

（引自司亚平等《蔬菜穴盘育苗技术》，1999）

蔬菜种类	播种至出苗/%	子叶展开至2叶1心/%	3叶1心至成苗/%
茄子	85～90	70～75	65～70
甜椒	85～90	70～75	65～70
番茄	75～85	65～70	60～65
黄瓜	85～90	75～80	75
芹菜	85～90	75～80	70～75
生菜	85～90	75～80	70～75
甘蓝	75～85	70～75	55～60

4. 气体

在育苗过程中，对秧苗生长发育影响较大的气体主要是 CO_2 和 O_2，此外还包括有毒气体。

CO_2 是植物光合作用的原料。冬春季节育苗，在相对密闭的温室、大棚等育苗设施内，由于外界气温低，通风少或不通风，内部 CO_2 含量亏损严重，限制幼苗光合作用和正常发育。在苗期常常需要增施 CO_2 来满足秧苗的生长，无土育苗更为重要。

试验表明，冬季每天上午增施 CO_2 3 小时可显著促进幼苗的生长，增加株高、茎粗、叶面积、鲜重和干重，降低植株体内水分含量，有利于壮苗形成。而且，苗期增施 CO_2 可提高前期产量和总产量。黄瓜、番茄苗期增施 CO_2 壮苗效果比较见表 4-4。

表 4-4 黄瓜、番茄苗期增施 CO_2 壮苗效果比较（魏珉等，2000）

蔬菜	施肥浓度 /（微升/升）	株高 /厘米	茎粗 /厘米	叶面积 /厘米²	全株干重 /（克/株）	净同化率 /[克/（米²·天）]	壮苗 指数
黄瓜	1100±100	22.15	0.494	284.68	1.1945	3.292	0.1978
	700±100	21.30	0.473	247.66	0.9171	2.867	0.1272
	不施肥	7.04	0.433	186.82	0.6812	2.754	0.0902
番茄	1100±100	40.25	0.556	296.33	1.5615	2.895	0.1836
	700±100	37.25	0.531	249.99	1.2656	2.775	0.1327
	不施肥	29.55	0.511	197.55	0.8723	2.410	0.1045

基质中 O_2 含量对幼苗生长同样重要。O_2 充足，根系才能发生大量根毛，形成强大的根系；O_2 不足则会引起根系缺氧窒息，地上部分萎蔫，停止生长。基质总孔限度以 60% 左右为宜。

第二节
组织培养育苗

一、 植物组织培养概述

1. 植物组织培养概念

植物组织培养是指在无菌和人工控制的环境条件下，利用适当的培养基，对脱离母体的植物器官、组织、细胞及原生质体进行人工培养，使得其再生形成细胞或完整植株的技术。

无菌指的是组织培养所用的器皿、器械、培养基、培养材料以及培养过程都处于没有真菌、细菌、病毒的状态；人工控制的环境条件指的是组织培养的材料都生活在人工控制好的环境条件中，其中的光照、温度、湿度、气体条件都是人工设定的；而培养的植物材料已经与母体分离，处于相对分离的状态。

根据其培养所用的材料（即外植体）的不同，我们把植物组织培养分为组织培养、器官培养、胚胎培养、细胞培养和原生质体培养，前两者在育苗生产上普遍采用，后三者目前主要应用于科研领域。

2. 植物组织培养主要特点

① 组织培养的整个操作过程都是无菌状态。

② 组织培养中培养基的成分是完全确定的，不存在任何未知成分，其中包括了大量元素、微量元素、有机元素、植物生长调节物质、植物生长促进物质、有害或悬浮物质的吸附物质等。

③ 外植体可以处于不同的水平下，但都可以再生形成完整的植株。

④ 组织培养可以连续继代进行，形成克隆体系，但会造成品质退化。

⑤ 植物材料处于完全异养状态，生长环境完全封闭。

⑥ 生长环境完全根据植物生物学特性人为设定。

二、 组织培养实验室的构建以及主要的仪器设备

1. 组织培养实验室的构成

要在组织培养实验室内部完成所有的带菌和无菌操作，这些基本操作包括各种玻璃器皿等的洗涤、灭菌，培养基的配制、灭菌，接种等。通常组织培养实验室包括准备室、接种室、培养室

以及温室等（图4-37），细分还必须包括药品室、观察室、洗涤室等。

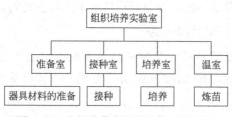

图 4-37　组织培养实验室的构成及功能

（1）准备室　主要在准备室完成一些基本操作，比如实验常用器具的洗涤、干燥、存放；培养基的配制和灭菌；常规生理生化分析等。常用的化学试剂、玻璃器皿、常用的仪器设备（冰箱、灭菌锅、各种天平、烘箱、干燥箱等）均存放于准备室。要准备大的水槽用于器皿等的洗涤，还要准备蒸馏水制备设备，还有显微镜等观察设备等。此外，准备室必须要有足够大的空间，足够大的工作台。

（2）接种室　主要用于植物材料的消毒、接种、转接等。内部主要设备是超净工作台。接种室要根据使用频率进行不定期的消毒。一般采用熏蒸法，即利用甲醛与高锰酸钾反应可以产生蒸气进行熏蒸。也可以安装紫外灯，接种前开半小时左右进行灭菌。注意进入接种室时务必更换工作服，避免带入杂菌，保持接种室的清洁。

（3）培养室　主要用于接种完成材料的无菌培养。培养室的温度、湿度都是人为控制的。温度通过空调来调控，一般培养温度在25℃左右，也和培养材料有关系。光周期可以通过定时器来控制，光照强度控制在2500～6000勒克斯，每天光照时间在14小时左右。培养室的相对湿度控制在70%～80%左右，过干时可以通过加湿器来增加湿度，过湿时则可以通过除湿器来降低湿度。此外，培养室还要放置培养架，每个一般有4～5层，每层高 40 厘米，宽 60 厘米，长 120 厘米左右。

（4）温室　在条件允许的情况下，可以安排配备温室，主要用于培养材料前期的培养以及组培苗木的炼苗使用。

2. 组织培养常用的仪器设备

（1）器皿器械类　常用的培养器皿有试管、三角瓶、培养皿、培养瓶等，在选择时根据培养目的和方式以及价格进行有目的的选择。

除了培养器皿，常用的器械还有接种用的镊子、剪刀、解剖针、解剖刀和酒精灯等，配制培养基用的移液管、移液枪、滴管、洗瓶、烧杯、量筒，还有牛皮纸、记号笔、电磁炉、pH 试纸、纱布、棉花、封口膜等。

（2）仪器设备类　包括超净工作台（图 4-38）、灭菌锅（图 4-39）、培养架（图 4-40）、冰箱、显微镜、水浴锅、天平（感量分别为 0.1 克、0.01 克、0.001 克）等。

图 4-38　超净工作台

三、 培养基的种类和配制

1. 培养基的组成和 pH

培养基是决定植物组织培养成败的关键因素之一。常见的培

图 4-39　立式高压蒸汽灭菌锅

图 4-40　培养架

养基主要有两种，分别是固体培养基和液体培养基，二者的区别在于是否加入了凝固剂。

（1）水分　作为生命活动的物质基础存在。培养基的绝大部分物质为水分。实验研究中常用的水为蒸馏水，而最理想的水应该为纯水，即二次蒸馏的水。生产上，为了降低成本，我们可以用高质量的自来水或软水来代替。

（2）无机盐类　植物在培养基中可以吸收的大量元素和微量

元素都是来自于培养基中的无机盐。培养基中提供的无机盐主要有硝酸铵、硝酸钾、硫酸铵、氯化钙、硫酸镁、磷酸二氢钾、磷酸二氢钠等，不同的培养基配方当中其含量各不相同。

（3）有机营养成分　包括糖类物质，主要用于提供碳源和能源，常见的有蔗糖、葡萄糖、麦芽糖、果糖；维生素类物质，主要用于植物组织的生长和分化，常用的维生素有盐酸硫胺素、盐酸吡哆醇、烟酸、生物素等；氨基酸类物质，常见的有甘氨酸、丝氨酸、谷氨酰胺、天冬酰胺等，有助于外植体的生长以及不定芽、不定胚的分化促进。

（4）植物生长调节物质　植物生长调节物质在培养基中的用量很小，但是其作用很大。它不仅可以促进植物组织的脱分化和形成愈伤组织，还可以诱导不定芽、不定胚的形成。最常用的有生长素和细胞分裂素，有时也会用到赤霉素和脱落酸。

（5）天然有机添加物质　香蕉汁、椰子汁、土豆泥等天然有机添加物质，有时会有良好的效果。但是这些物质的重复性差，还会因高压灭菌而变性，从而失去效果。

（6）凝固剂　要进行固体培养，要在培养基中加入凝固剂。常见的有琼脂和卡拉胶，用量一般在 7～10 克/升之间。前者生产中常用，后者透明度高，但价格贵。

（7）其他添加物　有时为了减少外植体的褐变，需要向培养基中加入一些防褐变物质，如活性炭、维生素 C 等。还可以添加一些抗生素物质，以此来抑制杂菌的生长。

（8）pH　培养基的 pH 也是影响植物组织培养成败的因素之一。pH 的高低应根据所培养的植物种类来确定，pH 过高或过低，培养基会变硬或变软。生产上或实验中，常用氢氧化钠或盐酸进行调节。

2. 培养基的种类

培养基有许多种类，根据不同的植物和培养部位及不同的培养目的需选用不同的培养基。目前国际上流行的培养基有几十种，常用的培养基及特点如下。

（1）MS培养基（图4-41）　特点是无机盐和离子浓度较高，为较稳定的平衡溶液。其养分的数量和比例较合适，可满足植物的营养和生理需要。它的硝酸盐含量较其他培养基为高，广泛地用于植物的器官、花药、细胞和原生质体培养，效果良好。有些培养基是由它演变而来的。

（2）White培养基　特点是无机盐数量较低，适于生根培养。

（3）B5培养基（图4-42）　特点是含有较低的铵，这可能对不少培养物的生长有抑制作用。从实践得知有些植物在B5培养基上生长更适宜。

（4）N6培养基　特点是成分较简单，硝酸钾和硫酸铵含量高。在国内已广泛应用于小麦、水稻及其他植物的花药培养和其他组织培养。

图4-41　MS培养基

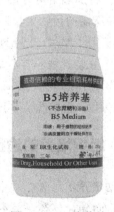
图4-42　B5培养基

加入培养基的营养成分一般需先配制成母液备用，现在有配好的各种培养基干粉。一般现成的培养基干粉中加了营养成分和琼脂，也有没加琼脂的，根据需要购买。培养基的种类见表 4-5。

表 4-5　培养基种类

产品货号	产品名称	规格/克	价格/元	产品说明及用途
HB8469	MS 培养基	250	60	用于植物组织培养
HB8487	B5 培养基	250	60	用于植物组织培养
HBZ0601	N6 培养基	250	60	用于植物组织培养
HBZ0602	White 培养基	250	60	用于植物组织培养
HB8515	NS 培养基	250	60	用于植物组织培养
HB8681	NB 培养基	250	60	用于植物组织培养
HBZ0609	WPM 培养基	250	60	用于植物组织的培养

3. 培养基的配制步骤

一般来讲，任何一种培养基的配制步骤都是大致相同的。配 1 升 MS 培养基的具体操作如下。

① 取一大烧杯或铝锅，放入约 900 毫升的水，然后加入 MS 培养基干粉 40 毫克（具体用量根据培养基瓶上说明），并不断搅拌，使其溶解。

② 将加热熔解好的培养基溶液倒入带刻度的大烧杯中，加入培养所需的植物生长调节物质，定容到 1 升。

③ 用 1 摩尔/升的 NaOH 溶液（或 HCl）调整 pH。

④ 分装到培养容器中（培养瓶）。

⑤ 高压蒸汽灭菌锅灭菌 20 分钟（温度为 121℃，压力为 107 千帕），出锅晾凉备用。

四、组织培养的途径

1. 启动培养

也叫初代培养。这个阶段的任务是选取母株和外植体进行无菌培养，以及外植体的启动生长，利于离体材料在适宜培养环境中以某种器官发生类型进行增殖。该阶段是植物组织培养能否成功的重要一步。选择母株时要选取性状稳定、生长健壮、无病虫害的成年植株；选择外植体时可以采用茎段、茎尖、顶芽、腋芽、叶片、叶柄等。

外植体确定以后，进行灭菌。灭菌时可以选择用次氯酸钠（1%）、氯化汞（0.1%），时间控制在 8～15 分钟，清水冲洗 3～5 次，然后接种在启动培养基上（图 4-43）。

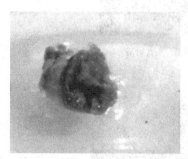

图 4-43　试管苗初代培养

2. 增殖培养

对启动培养形成的无菌材料进行增殖，不断分化产生新的丛生苗、不定芽及胚状体（图 4-44）。每种植物采用哪种方式进行快繁，既取决于培养目的，也取决于材料自身的可能性，可以是通过器官发生、不定芽发生、胚状体发生、原球茎发生等。增殖培养时选用的培养基和启动培养有区别，一般基本培养基同启动培养相同，而细胞分裂素的浓度水平则高于启动培养。

3. 生根培养

增殖培育阶段的芽苗有时没有根，这就需要将单个的芽苗转移到生根培养基或适宜的环境中诱导生根（图 4-45）。这个阶段的任务是为苗木移栽作准备，此时培养基中需降低无机盐浓度，减少或去除细胞分裂素，调整生长素的浓度。

4. 移栽驯化

移栽驯化的目的是将试管苗逐渐适应从异养到自养的转变。

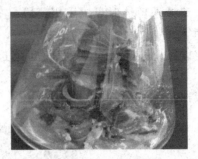

图 4-44　试管苗增殖培养

图 4-45　试管苗生根培养

移栽之前要进行炼苗，逐渐使试管苗适应外界环境条件。炼苗结束后，取出试管苗，首先洗去小植株根部附着的培养基，避免微生物的繁殖污染，造成小苗死亡，然后将小苗移栽到人工配制的基质中（图 4-46）。基质要选择保湿透气的材料，如蛭石、珍珠岩、粗沙等。

五、 组织培养的应用领域

1. 植物离体快速繁殖

快速繁殖是组织培养应用最广泛，产生经济效益最大的一项技术。利用离体快繁技术进行苗木繁殖，繁殖系数大，速度快，可以全年不间断生产，可以实现单株苗木一年繁殖百万株。对于

图 4-46 试管苗的移栽驯化

不能用种子繁殖，传统繁殖方法又繁殖系数低的一些名优植物，对于那些脱毒苗、新引进、稀缺品种、优良单株等都可以通过离体繁殖方法快速繁殖目前多种花卉、蔬菜、果树及林木离体快速繁殖成功，进入工厂化生产。

2. 脱毒苗培育

通过微茎尖组织培养和热处理，再生的完整植株就可以脱去病毒，获得脱毒苗。无病毒苗木种植后不会或极少发生病毒危害，苗木长势好且一致。

3. 植物种质资源的离体保存

种质资源的离体保存是指对离体培养的小植株、器官、组织、细胞或原生质体等材料，采用限制、延缓或使其停止生长的处理使之保存下来（可以采用冷冻保存或超低温保存等）；在需要时，根据自身特性利用组织培养技术重新让它恢复生长，并再生植株。

此外，植物组织培养技术还可以应用于育种、培育人工种子、生产人类需要的有机化合物等领域。组织培养在实际生产中表现出了巨大的经济价值和无穷魅力。

第三节
穴盘育苗

一、穴盘育苗的概念

穴盘育苗就是用草炭、蛭石、珍珠岩等轻质无土材料作基质，以不同孔穴的穴盘为容器，通过精量播种、覆盖、镇压、浇水等一次成苗的现代化育苗技术。其特点是播种时一穴一粒，成苗时一穴一株，每株幼苗都有独立的空间，水分、养分互不竞争，苗龄比常规育苗的缩短 10～20 天，成苗快，无土传病害，而且幼苗根坨不易散，根系完整，定植不伤根，缓苗快，成活率高，适合远距离运输，有利于规范化管理。

二、蔬菜穴盘育苗的优点和缺点

1. 蔬菜穴盘育苗的优点

（1）省工、省力、机械化生产效率高　常规育苗每株苗所带的土坨重 500～750 克，每公顷定植蔬菜（平均按 60000 株计）相当于搬走 30000～45000 千克土。而穴盘育苗采用轻基质，定植时每株苗只有 35～50 克，定植工作量大大降低。穴盘育苗在工厂化育苗中被大量采用，实现了精量播种，一次成苗，从基质混拌、装盘至播种、覆盖等一系列作业实现了自动化控制，苗龄比常规苗缩短 10～20 天，劳动效率提高了 5～7 倍。常规育苗人均管理 2.5 万株，穴盘育苗人均管理 20 万～40 万株，由于机械化作业管理程度高，减轻了作业强度，减少了工作量。

（2）节省能源、种子和育苗场地　穴盘育苗时干籽直播，一穴一粒并且集中育苗播种后出苗快，幼苗整齐，成苗率高，节省种子，每万株苗耗煤量是常规育苗的 25%～50%，节省能源

2/3。单位面积上的育苗量比常规育苗高，每平方米一茬可育300株，能有效增加保护地生产面积。

（3）便于规范化管理　在缺少育苗技术的地区尤其适合。在新菜区，菜农缺乏育苗专业培训，自己育出的苗子质量较差，直接影响到定植以后的栽培管理。再有目前有不少热衷于投资农业的经营者，但是他们缺乏栽培管理技术。穴盘育苗的发展使他们可以通过集中育苗或购买商品苗来解决育苗技术难关。

（4）秧苗质量高，成本低　采用穴盘方法育苗，幼苗素质好，抗逆性增强，根系发达、完整，定植不伤根，没有缓苗期。如果是裸根苗，成活率常常受到影响，而穴盘育苗属于带坨移栽，所以定植到田间后，缓苗快，成活率高。穴盘育苗成本与常规育苗相比可降低30％～50％。

（5）适宜远距离运输，适合机械化移栽　穴盘育苗是以轻基质无土材料作育苗基质，这些育苗基质具有密度小、保水能力强、根坨不易散等特点，适合远距离运输。穴盘苗重量轻，每株仅30～50克，是常规苗的6％～10％，移栽效率提高4～5倍。

2. 蔬菜穴盘育苗的缺点

穴盘育苗数量多，对技术人员和操作人员要求高，稍有不慎即造成重大损失，给大面积的蔬菜生产造成延误，因而风险比较大。而且初期投资较大，种子质量要求高。就秧苗产品来说，一般比农户培育的秧苗小，因而定植后苗期稍长。

三、 穴盘选择

育苗穴盘按材质不同可分为聚苯泡沫穴盘和塑料穴盘，其中塑料穴盘的应用更为广泛。塑料穴盘一般有黑色、灰色和白色，多数种植者选择使用黑色盘，吸光性好，更有利于种苗根部发育。穴盘的尺寸一般为54厘米×28厘米，规格有50穴、72穴、128穴、200穴、288穴、392穴等几种。穴格体积大的装基质多，其水分、养分蓄积量大，水分调节能力强，通透性好，有利于幼苗根系发育；但同时可能育苗数量少，而且成本会增加。

　　蔬菜种植户可根据不同蔬菜的育苗特点选用穴盘。瓜类如南瓜、西瓜、冬瓜、甜瓜育苗时多采用 50 穴的；番茄、茄子、黄瓜多采用 72 穴或 128 穴的；辣椒采用 128 穴或 200 穴的；油菜、生菜、甘蓝、青花菜育苗应选用 200 穴或 288 穴的；芹菜育苗大多选用 288 穴或 392 穴的。

　　此外，使用过的穴盘可能会感染残留一些病原菌、虫卵，所以一定要进行清洗、消毒。方法是先清除苗盘中的残留基质，用清水冲洗干净（比较顽固的附着物用刷子刷净）、晾干，然后用多菌灵 500 倍液浸泡 12 小时或用高锰酸钾 1000 倍液浸泡 30 分钟消毒，还可用甲醛溶液、漂白粉溶液进行消毒。消过毒的穴盘在使用前必须彻底洗净晾干。

四、基质配制

　　穴盘育苗主要采用轻型基质，如草炭、蛭石、珍珠岩等，对育苗基质的基本要求是无菌、无虫卵、无杂质，有良好的保水性和透气性。一般配制比例为草炭∶蛭石∶珍珠岩＝3∶1∶1，1 米^3 的基质中再加入磷酸二铵 2 千克、高温膨化的鸡粪 2 千克，或加入氮磷钾（15∶15∶15）三元复合肥 2～2.5 千克。育苗时原则上应用新基质，并在播种前用多菌灵或百菌清消毒。

五、播种育苗

1. 种子处理

　　为了防止出苗不整齐，通常要对种子进行预处理，即精选、温烫浸种、药剂浸（拌）种、搓洗、催芽等，种子经过处理后再播种（详见第二章）。

2. 播种

　　穴盘育苗分为机械播种和手工播种两种方式。机械播种又分为全自动机械播种和手动机械播种。全自动机械播种的作业程序包括装盘、压穴、播种、覆盖和喷水。在播种之前先调试好机器，并且进行保养，使各个工序运转正常，一穴一粒的准确率达到90％以上就可以收到较好的播种质量。手工播种和手动机械播种的区别在于播种时一种是手工点籽，另一种是机械播种，其他工作都是手工作业完成。

（1）装盘 先将基质拌匀，调节含水量至55％～60％。然后将基质装到穴盘中，尽量保持原有物理性状，即装盘时应注意不要用力压紧，因为压紧后，基质的物理性状受到了破坏，使基质中空气含量和可吸收水的含量减少。正确的方法是用刮板从穴盘一方与盘面垂直刮向另一方，使每穴中都装满基质，而且各个格室清晰可见。

（2）压盘 装好的盘要进行压穴，以利于将种子播入穴中，可用专门制作的压穴器压穴，也可以将装好基质的穴盘垂直码放在一起，4～5盘一摞，上面放一只空盘，两手平放在盘上均匀下压至要求深度即可。

（3）播种 将种子点在压好穴的盘中，在每个孔穴中心点放1粒，种子要平放，避免漏播。

（4）覆盖 播种后覆盖原基质，用刮板从穴盘的一方刮向另一方，去掉多余的基质，使基质面与格室相平为宜。

（5）苗床准备 除夏季苗床要求遮阳挡雨外，冬春季育苗都要在避风向阳的大棚内进行。大棚内苗床面要耧平，地面覆盖一层旧薄膜或地膜，在地膜上摆放穴盘。

（6）浇水、盖膜 播种覆盖后的穴盘要及时浇水，浇水一定要浇透，目测时以穴盘底部的渗水口看到水滴为适。浇水最好用带细孔喷头的喷壶喷透水（忌大水浇灌，以免将种子冲出穴盘），然后盖一层地膜，利于保水、出苗整齐。

六、 苗期管理

1. 温湿度调节

种子发芽期需要较高的温度和湿度。温度一般保持白天23～

25℃，夜间 15～18℃，相对湿度维持 95％～100％。当种子露头时，应及时揭去地膜。种子发芽后下胚轴开始伸长，顶芽突破基质，上胚轴伸长，子叶展开，根系、茎干及子叶开始进入发育状态。幼苗子叶展开的下胚轴长度以 0.5 厘米较为理想，1 厘米以上则易导致徒长，所以下胚轴伸长期必须严格控制温度、湿度、光照等，相对湿度降到 80％，及时揭盖遮阳网，并注意棚内的通风、透光、降温。夜间在许可的温度范围内尽量降温，加大昼夜温差，以利壮苗。

2. 水肥调节

幼苗真叶生长发育阶段的管理重点是水分，应避免基质忽干忽湿。浇水掌握"干湿交替"原则，即一次浇透，待基质转干时再浇第 2 次水。浇水一般选在正午前，下午 4 点后若幼苗无萎蔫现象则不必浇水，以降低夜间湿度，减缓茎节伸长。注意阴雨天日照不足且湿度高时不宜浇水；穴盘边缘苗易失水，必要时应进行人工补水。在整个育苗过程中无需再施肥。此外，定植前要限制给水，以幼苗不发生萎蔫、不影响正常发育为宜。还要将种苗置于较低温度下（适当降低 3～5℃维持 4～5 天）进行炼苗，以增强幼苗抗逆性，提高定植后成活率。

3. 光照条件

光照条件直接影响秧苗的素质。秧苗干物质的 90％～95％来自光合作用，而光合作用的强弱主要受光照条件的影响。光照条件包括光照强度、光照时数和光的质量。光照强度制约着光合作用产量和秧苗的生长发育速度以及秧苗的形态，如株高、叶面积、节间长度、茎粗及叶片厚度。若幼苗长时间处于弱光的条件下，易形成徒长苗，造成植株高、茎细、叶片数降低，叶绿素及叶面积减少，植株干重降低，花芽分化推迟，整个幼苗素质下降。蔬菜种类不同，对光照强度的要求也不相同，瓜类比果类菜要求高，果类菜比叶类菜要求高。同时光照时间的长短还影响着养分的积累和幼苗的花芽分化。冬春季节育苗日照时间短，在温度条件许可的情况下，争取早揭苫晚盖苫，延长光照时间。在阴雨天气，也应揭开覆盖物，有条件的地方可以考虑补充光照。人工补光应考虑光的质量，生产上常用的有农用荧光灯、生物效应灯、气体发光灯、弧光灯等，有利于秧苗光合作用的进行。

第四节
工厂化育苗

一、工厂化育苗的概念与特点

1. 工厂化育苗的概念

工厂化育苗是以先进的育苗设施和设备装备种苗生产车间，以现代生物技术、环境调控技术、施肥灌溉技术、信息管理技术贯穿种苗生产过程，以现代化、企业化的模式组织种苗生产和经营，从而实现种苗的规模化生产。

2. 工厂化育苗的特点

（1）节省能源与资源　以工厂化育苗中的穴盘育苗为例，与传统的营养钵育苗相比较，育苗效率由 100 株/米^2 提高到 500～1000 株/米^2；能大幅度提高单位面积的种苗产量，节省电能 2/3 以上，北方地区冬季育苗节约能源 70% 以上，显著降低了育苗成本。

（2）提高秧苗素质　工厂化育苗能实现种苗的标准化生产，育苗基质、营养液等采用科学配方，实现肥水管理和环境控制的机械化和自动化。穴盘育苗一次成苗，幼苗根系发达并与基质紧密黏着，定植时不伤根，容易成活，缓苗快，能严格保证种苗质量和供苗时间，为高产栽培奠定基础。

（3）提高种苗生产效率　工厂化育苗采用机械精量播种技术，大大提高了播种率，节省种子用量，提高成苗率。

（4）商品种苗适于长距离运输　工厂化育苗多采用轻型基质进行育苗，成苗后幼苗的重量轻，适合长距离运输，对于成批出售，种苗集约化生产、规模化经营十分有利。

（5）适合机械化移栽　国外已经开发出与不同的穴盘规格相适应的机械化移栽机，实现了从种苗生产到田间移栽的全过程机械化。

二、 工厂化育苗的场地与设备

（一）工厂化育苗场地

工厂化育苗的场地由播种车间、催芽室、控制室、育苗温室及附属用房等组成。

1. 播种车间

播种车间（图 4-47）是进行播种操作的主要场所，通常也作为成品种苗包装、运输的场所。播种车间主要放置精量播种流水线，和一部分的基质、肥料、育苗车、育苗盘等。播种车间要求有足够的空间，便于播种操作及种苗的运输，使操作人员和育苗车的出入快速顺畅。

图 4-47　播种车间

2. 催芽室

种子播种后进入催芽室（图 4-48）。催芽室应提供种子发芽适宜的温度、湿度和氧气等条件，有些种子发芽过程中还需增加光照。

图 4-48 催芽室

催芽室主要配备有加温系统、加湿系统、风机、新风回风系统、补光系统以及微电脑控制自动器等，室内温度在 $20\sim35℃$ 范围内可以调节，相对湿度能保持在 $85\%\sim90\%$ 范围内。催芽室内外、上下温、湿度在允许范围内相对均匀一致。

3. 控制室

工厂化育苗过程中对温室环境的温度、光照、空气湿度、水分、营养液灌溉实行有效的监控和调节，是保证种苗质量的关键。催芽室和育苗温室的环境控制系统由传感器、计算机、电源、配电柜和监测控制软件等组成，对加温、保温、降温排湿、

图 4-49 控制室

补光和微灌系统实施准确而有效的控制。控制室（图 4-49）一般具有环境控制、数据采集处理、图像分析与处理等功能。

4. 育苗温室

育苗温室（图 4-50）是幼苗绿化、生长发育和炼苗的主要场所，是工厂化育苗的主要生产车间。育苗温室应满足种苗生长发育所需要的温度、湿度、光照、水、肥等条件。育苗温室设施设备的配置高于普通栽培温室，除了配置通风帘幕、降温、加温等系统外，还应装备苗床、补光、水肥灌溉、自动控制系统等特殊设备，保证种苗的高效生产。

图 4-50　育苗温室

（二）工厂化育苗的主要设备

1. 穴盘精量播种设备和生产流水线

穴盘精量播种设备是工厂化育苗的核心设备，它包括以每小时 1000~1200 盘的播种速度完成拌料、育苗基质装盘、刮平、压穴（图 4-51）、精量播种、覆土（图 4-52）、喷淋全过程的生

图 4-51　压穴装置

产流水线。穴盘精量播种技术包括种子精选、种子包衣、种子丸粒化和各类蔬菜种子的自动化播种技术。精量播种技术的应用可节省劳动力、降低成本、提高效益。

图 4-52 覆土装置

2. 种子处理设备

常用的包括种子拌药机（图 4-53）、种子表面处理机械、种

图 4-53 种子拌药机

子丸粒机（图 4-54）和种子包衣机等，以及用 γ 射线、高频电流、红外线、紫外线、超声波等物理方法处理种子的设备。广义的种子处理设备还包括种子清洗机械和种子干燥设备。

3. 基质的消毒设备

工厂化育苗都采用工厂化生产的育苗基质，消毒和合成过程在基质生产厂完成。在基质的生产和加工过程中往往需要杀灭病菌、虫卵和杂草种子等，因此需要配置基质消毒设备（图 4-55、

图 4-54　种子丸粒机

图 4-56）。育苗基质消毒常用的方法有蒸汽消毒、化学药品消
毒、太阳能消毒。

图 4-55　搅拌式基质消毒机

图 4-56　高温蒸汽消毒机

4. 育苗温室环境控制系统

育苗环境自动控制系统主要指育苗过程中的温度、湿度、光照等的控制系统。在冬季和早春低温季节（平均温度5℃、极端低温−5℃以下）或夏季高温季节（平均温度30℃，极端高温35℃以上）进行育苗时，外界环境不适于幼苗的生长，温室内的环境必然受到影响。幼苗对环境条件敏感，要求严格，所以必须通过仪器设备进行调节控制，使之满足对光照、温度及湿度（水分）的要求，才能育出优质壮苗。

（1）加温系统　育苗温室内的温度控制要求冬季白天温度晴天达25℃，阴雪天达20℃，夜间温度能保持14~16℃，以配备若干台1.5×10^{8}焦/小时燃油热风炉（图4-57）为宜。水暖加温往往不利于出苗前后的温度升温控制。育苗床架内埋设电加热线可以保证秧苗根部温度在10~30℃范围内任意调控，以便满足在同一温室内培育不同秧苗的需要。

图4-57　热风炉

（2）保温系统　温室设置内外遮阳保温帘，四周有侧卷帘，入冬前四周加装薄膜保温。

　　（3）降温排湿系统　育苗温室可设置水帘系统。上部可设置外遮阳网，在夏季有效地阻挡部分直射光的照射，在基本满足秧苗光合作用的前提下，通过遮光降低温室内的温度。温室一侧配置大功率排风扇，温室内部也可悬挂环流风机（图4-58），在高温季节育苗时可显著降低温室内的温度、湿度。通过温室的天窗和侧墙的开启或关闭，也能实现对温度、湿度的有效调节。在夏季高温干燥地区，还可通过湿帘、风机设备降温加湿。

图4-58　环流风机

　　（4）补光系统　苗床上部配置光通量1.6万勒克斯、光谱波

图4-59　高压钠灯

长 550～600 纳米的高压钠灯（图 4-59）。在自然光照不足时，开启补光系统可增加光照强度，满足各种幼苗健壮生长的要求。

5. 灌溉和营养液补充设备

种苗工厂化生产必须有高精度的喷灌设备，要求供水量和喷淋时间可以调节，并能兼顾营养液的补充和喷施农药。对于灌溉控制系统，最理想的是能根据水分张力或基质含水量、温度变化控制调节灌水时间和灌水量。应根据种苗的生长速度、生长量、叶片大小以及环境的温度、湿度状况决定育苗过程中的灌溉时间和灌溉量。苗床上部设行走式喷灌系统，保证穴盘每个孔浇入的水分和养分均匀。

6. 运苗车与育苗床架

运苗车包括穴盘转移车和成苗转移车。穴盘转移车将播完种的穴盘运往催芽室，车的高度及宽度应根据穴盘的尺寸、催芽室的空间和育苗数量来确定。种苗转移车采用多层结构（图 4-60），应根据商品苗的高度确定放置架的高度，车体可设计成分体组合式，以利于不同种类园艺作物种苗的搬运和装卸。

图 4-60　种苗转移车

育苗床架可选用固定床架和育苗框组合结构或移动式育苗床架（图 4-61）。应根据温室的宽度和长度设计育苗床架，育苗床上铺设电加温线、珍珠岩填料和无纺布，以保证育苗时根部的温度。每行育苗床的电加温由独立的组合式控温仪控制。移动式苗床设计只需留一条走道，通过苗床的滚轴任意移动苗床，可扩大苗床的面积，使育苗温室的空间利用率由 60% 提高到 80% 以上。育苗车间育苗架的设置以经济有效地利用空间，提高单位面积的种苗产出率，便于机械化操作为目标，选材以坚固、耐用、低耗为原则。

图 4-61　移动式苗床

三、 适于工厂化育苗的作物种类及种子精选

目前适用于工厂化育苗的作物种类很多，主要的蔬菜种类见表 4-6。

表 4-6　工厂化育苗的主要蔬菜和花卉种类

类别	品种
茄果类	番茄、茄子、辣椒
瓜类	黄瓜、南瓜、冬瓜、丝瓜、苦瓜、西瓜、甜瓜
豆类	菜豆、豇豆、豌豆
甘蓝类	甘蓝、花椰菜、羽衣甘蓝
叶菜类	芹菜、大白菜、落葵、生菜、洋葱
其他蔬菜	芦笋、甜玉米、香椿、莴苣

用于工厂化育苗的种子必须精选，以保证较高的发芽率与发

芽势。种子精选可以去除破籽、瘪籽和畸形籽，清除杂质，提高
种子的纯度与净度。高精度针式精量播种流水线采用空气压缩机
控制的真空泵吸取种子，每次吸取一粒。所播种子发芽率不足
100％时，会造成空穴，影响育苗数。为了充分利用育苗空间，
降低成本，必须做好待播种子的发芽试验，根据发芽试验的结果
确定播种面积与数量。

种苗企业根据生产需要确定育苗的品种和时间，在种苗市场
形成以前，应根据不同的生产设施、生长季节、蔬菜市场的供求
变化、种苗产业的难易程度来选择商品苗的种类；当生产单位逐
渐习惯使用商品苗以后，种苗企业即可按照订单合同来确定种苗
生产种类和数量。工厂化育苗对种子的纯度、净度、发芽率、发
芽势等质量指标要求很高，因为种子质量直接影响精量播种的效
率、播种量的计算、育苗时间的控制和供苗时间，所以大型种苗
企业应拥有自己的良种繁育基地、科技人员、种子精选设备等，
在新品种推广应用之前必须进行适应性检验。

四、 工厂化育苗的管理技术

（一）工厂化育苗的生产工艺流程

工厂化育苗的生产工艺流程分为准备、播种、催芽、育苗、
炼苗等五个阶段，如图 4-62 所示。

（二）基质配方的选择

1. 育苗基质的基本要求

工厂化育苗的基本基质材料有珍珠岩、草炭、蛭石等。国际
上常用草炭和蛭石各半的混合基质育苗，我国一些地区就地取
材，选用轻型基质与部分园土混合，再加适量的复合肥配置成育
苗基质。但机械化自动化育苗的基质不能加田土。

穴盘育苗对基质的总体要求是尽可能使幼苗在水分、氧
气、温度和养分供应等方面得到满足。影响基质理化性状的因

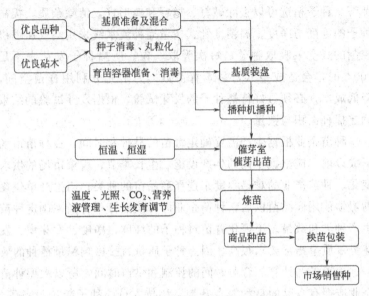

图 4-62　工厂化育苗的生产工艺流程

素主要有基质的 pH 值、基质的阳离子交换量与缓冲性能、基质的总孔隙度等。有机基质的分解程度直接关系到基质的容重、总孔隙度以及吸附性与缓冲性，分解程度越高，容重越大，总孔隙度越小，一般以中等分解程度的基质为好。不同基质的 pH 值各不相同，泥炭的 pH 值为 4.0～6.6，蛭石的 pH 值为 7.7，珍珠岩的 pH 值为 7.0 左右。多数蔬菜、花卉幼苗要求的 pH 值为微酸至中性。阳离子交换量是物质的有机与无机胶体所吸附的可交换的阳离子总量，有机质含量越高，其阳离子交换量越大，基质的缓冲能力就越强，保水与保肥性能力也就越强。较好的基质要求有较高的阳离子交换量和较强的缓冲性能。孔隙度适中是基质水、气协调的前提，孔隙度与大小孔隙比例是控制水分的基础。风干基质的总孔隙度以 84%～95% 为好，茄果类育苗比叶菜类育苗略高。另外，基质的导热性、水分蒸发蒸腾总量与辐射能等均对种苗的质量产生较大的影响。基质的营养特性也非常重要，育苗过程对基质中的氮、磷、钾含量和比例，养分元素的供应水平与强度水平等都有一定的要求。

工厂化育苗基质选材的原则如下：

① 尽量选择当地资源丰富、价格低廉的物料。

② 育苗基质不带病菌、虫卵，不含有毒物质。

③ 基质随幼苗植入生产田后不污染环境与食物链。

④ 能起到土壤的基本功能与效果。

⑤ 有机物与无机材料复合基质为好。

⑥ 密度小，便于运输。

2. 育苗基质的合成与配制

草炭被国内外认为是最好的基质材料，我国吉林、黑龙江等地的低位泥炭储量丰富，具有很高的开发价值，有机质含量高达37％，水解氮270～290毫摩/千克，pH值5.0，总孔隙度大于80％，阳离子交换量700毫摩/千克，这些指标都达到或超过国外同类产品的质量标准。蛭石是次生云母石在800℃以上的高温下膨化制成，具有密度小、透气性好、保水性强等特点，pH值6.5。

经特殊发酵处理后的有机物如芦苇渣、麦秆、稻草、食用菌生产下脚料等可以与珍珠岩、草炭等按体积比混合（1∶2∶1或1∶1∶1）制成育苗基质。

育苗基质的消毒处理十分重要，可以用溴甲烷处理、蒸汽消毒，或用福尔马林、多菌灵等处理。用多菌灵处理成本低，应用较普遍，每1.5～2.0米³基质加50％多菌灵粉剂500克拌匀消毒。在育苗基质中加入适量的生物活性肥料，有促进秧苗生长的良好效果。对于不同的作物种类，应根据种子的养分含量、种苗的生长时间，配制时加入。

（三）营养液配方与管理

育苗过程中营养液的添加决定于基质成分和育苗时间，采用以草炭、生物有机肥料和复合肥合成的专用基质，育苗期间以浇水为主，适当补充一些大量元素即可。营养液配方和施肥量是决定种苗质量的重要因素。

1. 营养液的配方

无土育苗的营养液配方各地介绍很多，一般在育苗过程中营养液配方以大量元素为主，微量元素由育苗基质提供。使用时注意浓度和 EC 值、pH 值的调节。

2. 营养液的管理

蔬菜、瓜果工厂化育苗的营养液管理包括营养液的浓度、EC 值、pH 值以及供液的时间、次数等。一般情况下，育苗期的营养液浓度相当于成株期浓度的50%～70%，EC 值在0.8～1.3毫西/厘米之间，配置时应注意当地的水质条件、温度以及幼苗的大小。灌溉水的 EC 值过高会影响离子的溶解度；温度较高时应降低营养液浓度，较低时可考虑营养液浓度的上限；子叶期和真叶发生期以浇水为主或取营养液浓度的低限，随着幼苗的生长逐渐增加营养液的浓度；营养液的 pH 值随作物种类不同而稍有变化，苗期的适应范围在5.5～7.0之间，适宜值为6.0～6.5。营养液的使用时间及次数决定于基质的理化性质、天气状况以及幼苗的生长状态，原则上掌握：晴天多用、阴雨天少用或不用；气温高多用、气温低少用；大苗多用、小苗少用。

（四）培育壮苗的环境调控

工厂化育苗条件下，环境调控主要是指温度、光照、二氧化碳的调控。

1. 温度

温度是秧苗生长发育最基本的一个生态因子，控制适宜的温度是培育壮苗的重要技术环节之一。不同作物种类及作物不同的生长阶段对温度有不同的要求。一些主要蔬菜的催芽温度和催芽时间见表 4-7，催芽室的空气湿度要保持在 90％以上。蔬菜或花卉幼苗生长期间的温度应控制在适合的范围内，见表 4-8。

表 4-7 一些蔬菜催芽温度和时间

蔬菜品种	催芽室温度/℃	时间/天
茄子	28～30	5
辣椒	28～30	4
番茄	25～28	4
黄瓜	26～28	2
甜瓜	28～30	2
西瓜	28～30	2
生菜	20～22	3
甘蓝	22～25	2
花椰菜	20～22	3
芹菜	15～20	7～10

表 4-8 部分蔬菜幼苗生长期对温度的要求

蔬菜品种	白天温度/℃	夜间温度/℃
茄子	25～28	15～18
辣椒	25～28	15～18
番茄	22～25	13～15
黄瓜	22～25	13～16
甜瓜	23～26	15～18
西瓜	23～26	15～18
生菜	18～22	10～12
甘蓝	18～22	10～12
花椰菜	18～22	10～12
芹菜	20～25	15～20

2. 光照

在温室育苗条件下，由于采光屋面透光率低，秧苗所接受的光强往往是在光饱和点（4万～7万勒克斯）以下，因此，在冬春寡照的地区，光强往往成为培育壮苗的限制因子。随着光照强度的增加，光合产物相应增加。当光强降到光补偿点（2000～4000勒克斯）时，秧苗基本不生长，幼苗节间伸长，叶片薄，苗发黄，花芽分化延迟，花芽质量差。增加苗期光照的主要途径：清洗温室采光面，提高透光率；延长光照时间；扩大秧苗营养面积；人工补光等。在光照不足条件下，人工补光有显著效果。例如，番茄用光强8000勒克斯灯光，每天夜间补光7～8小时，补光22天，比对照早期产量增加21.4%，总产量增加18.3%。

通过秧苗质量与苗期营养面积相关分析，地上营养面积（光合营养面积）及地下营养面积（根系营养面积）对番茄、辣椒等果菜类秧苗生长及秧苗质量影响很大，成苗期秧苗的生长受营养面积的影响达2/3以上。试验指出，地上或地下营养面积的任何一方面的变化都能对秧苗的生长产生影响。例如，地下营养面积相同，加大地上营养面积以后，秧苗质量显著提高，番茄冠干重/株高比值增加1倍左右，黄瓜增加50%左右，且冠干重/株高比值在不加大地上营养面积前与地下营养面积相关，加大地上营养面积后相关不显著。

3. 二氧化碳

秧苗营养包括矿质营养及碳素营养，碳素营养的主要来源是空气中的二氧化碳。国内外大量试验证明，苗期人工增施二氧化碳能显著提高秧苗的质量，表现为根系增多；叶面积增大，叶数增多，叶片增厚，秧苗根系活力增强，叶片叶绿素含量及气孔数增多；光和效率提高，生长速度加快，干鲜重增加；有利于育苗期的缩短。施用浓度：果菜类蔬菜秧苗为1000～1500毫升/升，一般叶菜为600～1000毫升/升。每日上午施用2小时，连续施用20～40天。人工施用二氧化碳的方法及碳源有多种，从经济、方便、有效角度看，利用钢瓶二氧化碳压缩气体，通过有孔塑料管在覆盖的小拱棚内释放的技术是可取的。

(五) 定植前炼苗

秧苗在移出育苗室前必须进行炼苗，以适应定植地点的环境。如果幼苗定植于有加热设施的温室中，只需保持运输过程中的环境温度；幼苗若定植于没有加热设施的塑料大棚中，应提前3～5天降温、通风、炼苗；定植于露地无保护设施的秧苗，必须严格做好炼苗工作，定植前7～10天逐渐降温，使温室内的温度逐渐与露地相近，防止幼苗定植时因不适应环境而发生冷害。另外，幼苗移出育苗温室前2～3天应施1次肥水，并进行杀菌剂、杀虫剂的喷洒，做到带肥、带药出苗。

第五节
扦插育苗

扦插育苗是利用某些蔬菜的一定部位容易产生不定根的特点，取这些部位，用植物生长调节剂处理，并在适宜的环境条件下培养，促使其发根抽芽，形成新的幼苗的育苗方法。

蔬菜扦插育苗的优点：可增加蔬菜的繁殖系数，加速育种的过程，并能保持品种的纯度；扦插育苗较播种育苗节省种子，育苗时间短，管理方便，成本低并可进行立体育苗，节省空间，在生产上具有较大的推广价值。

凡易于产生不定根的蔬菜均可进行扦插育苗，可进行扦插育苗的蔬菜主要有番茄、无籽西瓜、茄子、辣椒、黄瓜，白菜、豆瓣菜、人参菜等。目前常用此法育苗的是番茄和无籽西瓜。番茄扦育苗技术简单、容易掌握。无籽西瓜扦插育苗可节省大量种子，是解决无籽西瓜制种困难、产种量低、不易大面积推广等问题的有效措施。

扦插育苗必须选择蔬菜植株上适宜的扦插部位和扦插方法，

以适当的生长调节剂处理，插后进行合理的温度、湿度的管理，才能使扦插成功。扦插育苗应掌握如下几个技术环节。

一、 选择扦插材料

扦插材料必须是植株上易生不定根的部位。如番茄、无籽西瓜、黄瓜、茄子等扦插时一般取侧枝上的生长部位。部位不同时，茎组织的老嫩程度和营养物质的含量不同，水插后发根的速度和数量也不相同。一般枝条顶端水插后发根多，移栽后生长快，开花结果多。因此，水插育苗的插条，以选择粗壮的侧枝为好，每株番茄可取 7~8 个插枝。插条的长度以 8~12 厘米为宜，插条切口要平滑，并在室内自然干燥愈合后再进行扦插，以减少水插过程中的腐烂，并增加发根数和根长度。白菜、甘蓝扦插，多采用叶插繁殖，取叶球中层或内层叶片的一段中肋，带有一个腋芽及一小块茎的组织作扦插原料。

二、 植物生长调节剂处理

应用植物生长调节剂如吲哚乙酸、吲哚丙酸、吲哚丁酸、萘乙酸或 2,4-D，均能促进扦插材料提高成活率。不同的扦插材料对不同生长调节剂敏感度不同，故不同材料应选用不同种类、不同浓度的植物生长调节剂处理。

三、 扦插方法

(一) 按插穗材料分叶插和茎插

1. 叶插

叶插是指用蔬菜叶片进行扦插繁殖的方法。目前，可用叶片扦插繁殖的蔬菜有甘蓝、大白菜、菜花（花椰菜）、芥菜、青菜、萝卜和油菜等。扦插成苗率高达 80%~90%，扦插苗病害较轻。

采种量高，并且保持后代遗传性的稳定。同时，在种子数量不足时。也可用这一方法扩大栽培面积。

（1）扦插材料的选取 选择具有本品种特征的无病虫害的优良株作留种母株，用叶球中部的叶片扦插，叶柄基部需附有腋芽及一些分基组织，腋芽未萌动时，切口要离开叶柄基部的中心。将切取叶片茎下部的切口用激素处理（如用吲哚乙酸溶液处理，浓度为 2 毫升/升，浸泡 2～3 秒后立即取出），注意腋芽不能浸到药液，以免抑制发芽。

（2）叶片扦插 叶片蘸浸激素溶液后即可扦插在苗床上。苗床要求地势高，排水畅，通风好，床面平整，床土疏松肥沃，床温保持 15～25℃，湿度保持 70%～80%，避免阳光直射。扦插后 7～8 天即可生根发芽。

（3）移栽 当叶片生根发芽后进行移栽定植，移栽到营养钵中。到翌年 2 月中、下旬定植，株行距 54 厘米×60 厘米，田间管理与普通种植相同。

2. 茎插

（1）扦插材料的选取 从无病虫害的健壮植株上剪取嫩枝，剪切成 15～18 厘米长的枝段作为插条。

（2）嫩枝扦插 将插条去掉部分叶片，然后直接扦插到栽培畦中。根据蔬菜种类的不同，扦插深度也有所不同，如番茄插入 5 厘米左右，而菜用枸杞扦插深度为 10cm。扦插后浇足底水。扦插后可以用遮阳网短期遮光，也可以不遮光，但是必须及时浇水。

（3）移栽 插条基部发出许多不定根时即可定植。按常规密度栽培和管理即可。

（二）按基质的材料分水扦插法和基质扦插法

按基质的材料可分为水扦插法和基质扦插法两种。番茄、茄子、辣椒扦插育苗多用水扦插法，而多数蔬菜可用基质扦插法。

作为扦插用的基质，要求质地疏松、通气性和保水性较好，不易造成扦插材料腐烂。常用的基质有蛭石、珍珠岩、砻糠或砂与菜园土 1∶1 混合。可用育苗盘（箱）或育苗床铺放培养基质，扦插前用 100 倍福尔马林喷洒消毒，然后扦插。

水扦插法操作简便，但不如基质扦插法插后易管理。

四、 扦插后的管理

扦插后发芽、生根的快慢及成活率的高低，一方面受扦插材料本身生长状态的影响，而更重要的是受扦插成活过程中的温度和湿度的影响。一般材料要求温度为 20～25℃，喜温暖的蔬菜略高些，喜冷凉的蔬菜略低些。温度过低（低于 15℃）时，可在苗床上盖小拱棚，并在夜间加盖草苫；温度过高时，可用遮阳网遮盖降温。相对湿度一般为 85%～95%。当愈伤组织及新根发生时，呼吸作用加强，需氧较多，因此，每天应换气 1～2 次，每次 1～2 小时。至于光照，在扦插后 3 天内可进行遮光，4～6天中午前后遮阴，7 天后不必遮阴，特别是在幼芽开始生长时更需要见光。这样有利于插穗愈合、生根、发芽，从而提高扦插育苗的成活率。

当幼苗形成了完整的根系，并达到适宜苗龄时，便可移栽到大田中。

五、 提高扦插育苗成活率应注意的问题

扦插育苗，简单方便，成苗快，并能使幼苗保持母株的优良性状，但要想保证它的成活率，必须注意以下几点。

1. 正确选择扦插基质

扦插基质必须通透性能好，不含有未腐熟的有机质、害虫和细菌等物质，常用的有河沙、蛭石、珍珠岩，松软的山土或田园土。

2. 正确选择插条

插条应在品种优良、生长健壮、没有病虫害的植株上选取。如番茄适于扦插的侧枝长度一般在 8～12 厘米，带 3～4 个叶片，基部半木质化，并且节间短而均匀，茎秆粗壮，生长发育旺盛。第一花序下的侧枝较理想，中上部的侧枝也可用来扦插。

3. 确定合理的采条时间

采条多在花木休眠期进行，以树叶刚刚脱落时最好，因此时枝条内的养分尚未下降到根部，枝条内养分最为充分，有利于生根成活。

4. 插穗处理技术

剪穗用的剪刀要消毒，刀口要锋利，目的是使插穗剪口光滑，少受病虫危害。枝条采后，要立即进行处理，首先剪去基部无芽或梢部发育不够充实的部分，然后再将合格的枝条由粗的一端起，按"粗条稍短，细条稍长，容易生根稍短，难生根稍长；黏土地插穗稍短，沙土地插穗稍长"的原则，剪成 10～20 厘米长的插穗。插穗的上剪口在芽上约 1～1.5 厘米处平剪；下剪口斜剪，呈马蹄形。

5. 催根处理

扦插前 15～20 天，将插穗浸泡 1～2 天，充分吸水后，成捆竖放在温床或火炕上，保持插穗下部温度在 25～30℃ 之间，上部温度在 10℃ 以下，进行催根处理。当下切口形成愈伤组织，并有幼根微露时，即可取出扦插。把生长调节剂配制成 500～2000 毫克/升的溶液，浸渍插穗下端 5 秒后扦插。

第五章
蔬菜育苗的设施

蔬菜育苗的一般设施与设备主要有温室、塑料薄膜拱棚、电热温床、催芽室、补光设备、加温设备、施放二氧化碳设备、育苗容器等。在露地能够育苗季节，为防止高温、暴雨、害虫等对秧苗的伤害，往往应用遮阳、防雨、驱虫等设备，如遮阳网、塑料薄膜、稻草等。

第一节
常用的育苗设施

一、育苗温室

温室是比较完善的一种保护地设施，尤其是在冬季，气候寒冷，不适宜露地育苗，则温室就尤为重要。目前，温室已成为不可代替且应用面积很大的主要育苗设施，尤其对我国北方地区，作用更为突出。

温室育苗的重要问题是如何加强保温、节约能源、提高温室利用率、降低育苗成本。

用玻璃作透明屋面的温室叫作玻璃温室。它是一种比较完善的保护设施，具有透光率高、使用寿命长、保温性能好、坚固耐用等特点，不足之处是一次性投资较大。玻璃温室根据结构类型可分为单坡面温室、等屋面单栋温室、等屋面连栋温室等。蔬菜育苗温室要求室内各处光、温、湿度分布较均匀，幼苗生长能达到整齐一致。

等屋面单栋温室（图 5-1）一般为南北延长（屋脊方向）建筑，长度在 100 米以内，两边的采光屋面长度和坡度是一样的，两边侧墙的高度也是相等的。为钢架结构，铝合金窗框，屋面和侧窗全部用玻璃覆盖。侧面和顶部均设有通风窗，换气方便。室内还应配备加温设备，遮阳、保温装置，人工或自动灌溉装置，CO_2 发生器或补充装置，自动或手动开关通风窗装置，以及必要的补光装置等。

图 5-1　单栋玻璃温室　　　图 5-2　连栋玻璃温室

按照等屋面单栋玻璃温室的规格连接起来建造即成为等屋面连栋温室（图 5-2）。连栋温室的两栋间连接处称为"天沟"。"天沟"是双屋面的排水通道，又是清洁屋面时的走道，要设计得既排水方便、密封性好，又能承受一定的重量。

等屋面温室（单栋或连栋）的屋面倾斜角度依温室的跨度和高度变化而有差异，一般在 24°～26°为宜。单栋温室以跨度 6～10 米、高度 3.2～3.8 米为宜。

等屋面单栋温室室内受光条件较好，而且通风降温效果也好，但因四周侧墙面均为散热面，冬季热能散失量大，增加能耗。等屋面连栋温室可以减少散热面的比例，节省能源。连栋数太多，也不利于中部的通风降温。因此，等屋面连栋温室一般以3～5连栋较为适宜，适用于大面积商品苗的生产，特别是工厂化育苗的生产。如再增加连栋数，则必须考虑装配良好的通风、降温设备。

二、塑料大棚

塑料蔬菜大棚（图5-3）是用竹木，钢筋、水泥、钢管、塑料薄膜、铅丝等材料，按照一定的要求连接组装起来的一个牢固抗风、适于多种蔬菜提早或延后栽培的保护性生产设施。在塑料蔬菜大棚里，可以用人工的方法，在不适宜植物生育的季节里创造出适宜的栽培条件。

图 5-3   塑料大棚

蔬菜育苗塑料大棚与温室相比，结构简单，建造容易，管理方便。塑料薄膜大棚能得到较完善的光谱，对促进秧苗生长比玻璃温室优越；塑料覆盖严密，热损失小；建设容易、取材方便、构型多样、适应性强，成本低。塑料薄膜大棚类型很多，按骨架结构可分为竹木结构棚、镀锌薄壁钢管组装式棚、日光温室等。

1. 竹木结构棚

以木杆为立柱，以毛竹或松木杆等为拱杆、拉杆，用铁钉或铁丝连接固定成骨架覆盖棚膜而成。竹木结构棚（图5-4、图5-5）造价低，取材方便。缺点是立柱多、遮阳多、作业不便、骨架不够牢靠、木桩埋入土壤部位易腐烂等。

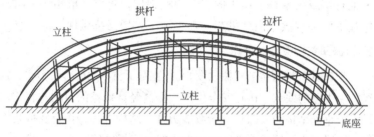

图 5-4　竹木结构塑料大棚示意图

图 5-5　竹木结构塑料大棚

　　竹木结构大棚面积以1亩为宜，跨度为12～14米，长50米左右，棚高2.2～2.5米，边柱高1～1.1米，腰柱为1.8～2米。立柱上支撑拱杆应呈均匀的弧形，使受力均匀。12～14米跨度棚设6排立柱，采用小头直径56厘米的杂木杆或粗毛竹，顶端向下30厘米处以及45～50厘米处打孔，用来固定南北拉杆。立柱横向距离是两中柱间距2米，中柱至腰柱间距2～2.5米，腰柱至边柱间距2～2.5米，边柱至棚边为1米。立柱纵向的距离根据拉杆的强度而定，如果拉杆为粗竹竿，每隔2～3米设一排立柱，拉杆上设1～2个吊柱。吊柱高45～50厘米，双点固定在拉杆上。中柱、腰柱直立埋深 50 厘米；边柱向外倾斜呈 60°角，埋深 40 厘米，入土部分要涂沥青防腐。拉杆用木杆或竹竿，小头直径 5～6 厘米，由上下两道组成。拉杆上固定吊柱。拱杆用细毛竹竿或松木杆。粗头固定在边柱部位，每拱一般用 2～3 根。边柱下侧部位拱竿向外拱起，埋于地下，增强抗风性。

2. 镀锌薄壁钢管组装式棚

镀锌薄壁钢管组装式棚（图 5-6）克服了竹木大棚骨架不牢、抗风雪能力差的缺点，达到安全生产、提高经济效益的目的，较竹木结构或钢筋结构的大棚具有荷载能力强、结构合理、作业及拆装方便、固膜可靠、通风透光良好、自身轻、耐锈蚀等优点。在我国有多种系列型号的镀锌薄壁钢管装配式拱圆大棚，但它们的基本构造差不多，都是由棚头、拱杆、纵向拉杆、卡槽、门及卷膜机构等构成。

图 5-6　镀锌薄壁钢管组装式大棚

3. 日光温室

在规模化育苗或初级工厂化育苗阶段，用日光温室（图 5-7）作为培育幼苗的设施，具有独特的优越性。优点是建造成本低，透光、保温效果好，节省能源。缺点是保温覆盖草苫的揭盖费工费时，如改用造价稍高的保温被，配置自动卷被系统，则可大大节省劳力，减轻劳动强度。没有大型的加温设备，如果配以造价较低的燃煤热风炉，或配以电热线（电热温床）加温，也能取得很好的效果。

日光温室主要由较厚的后墙、两侧墙、不透明后屋面和透明的前屋面构成。后墙和两侧墙可用隔热性良好的空心砖砌成，亦可砌成空心墙，内填隔热材料，墙总厚度为 70～80 厘米。不透明后屋面可用保温效果最佳的聚氨酯泡沫塑料板材和水泥预制板构成；亦可采用水泥预制板上面加煤渣、蛭石或珍珠岩等保温材料，最上面用水泥封面。透明的前屋面是由支撑塑料薄膜和保温覆盖材料（草苫或保温被）的拱架构成。拱架的材料最好使用镀锌钢管或钢材焊接，以增强其抗压能力，亦可减少内部立柱数量，扩大空间，便于室内操作。

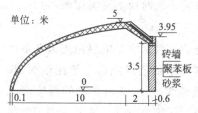

图 5-7　日光温室

第二节
育苗用主要设备

一、电热温床

电热温床是育苗的辅助补温设施。电热温床（图 5-8）是指在床土下 8～10 厘米（如果用育苗钵或营养土块育苗，以床土下 1～2 厘米为宜）处铺设电热线，对床土进行加温的育苗设施，具有升温快、地温高、温度均匀、调节灵敏、使用时间不受季节限制等优点，同时又可根据不同蔬菜种类和不同天气条件调节控制温度和加温时间，通过仪表实现自动调控。电热温床既可作育苗播种床，也可作移植床。

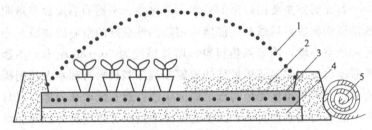

图 5-8 电热温床结构示意图

1—薄膜；2—床土；3—电热线；4—隔热层；5—草苫

电热温床的设备主要包括电加温线和控温仪、附属设备，还有开关、导线、交流接触器等（功率大时应加交流接触器）。

(一) 电加温线

电加温线是将电能转为热能的器件，它是电热温床最基本的电气设备。电加温线的绝缘材料用聚氯乙烯或聚乙烯注塑而成，厚度在 0.7～0.95 毫米，比普通导线厚 2～3 倍。它的厚度考虑到了土壤中有大量的水、酸、碱、盐等电介质，还考虑到了散热面积、虫咬和小圆弧转弯处易损坏等问题。电热丝采用低电阻系数的合金材料，为防止折断，除 400 瓦以下电加温线外，其他产品都用多股电热丝。电热丝与导线的接头采用高频热压工艺，电加温线两头一般有 2 米长导线，并与电加温线颜色不同，以示区别。电加温线在设计制造时特别注意到了使用的安全性能，它的绝缘电阻为 $1 \times 10^9 \sim 5.5 \times 10^{10}$ 欧/米，接头击穿电压在 1.5 万伏以上，加温线部分在 2.5 万伏以上。所以在 220 伏电压工作时，按规定应用是绝对安全的。电加温线的型号较多，如表 5-1 所示。

表 5-1　电加温线的主要型号和参数

型号	用途	工作电压/伏	功率/瓦	长度/米
DR208	土壤加温	220	800	100

续表

型号	用途	工作电压/伏	功率/瓦	长度/米
DV20406	土壤加温	220	400	60
DV20608	土壤加温	220	600	80
DV20810	土壤加温	220	800	100
DV21012	土壤加温	220	1000	120
DP22530	土壤加温	220	250	30
DP20810	土壤加温	220	800	100
DP21012	土壤加温	220	1000	120
$F_4$21022	空气加温	220	1000	22
KDV	空气加温	220	1000	60

使用电加温线应注意以下事项：严禁成圈在空气中通电使用；电加温线不许剪短或加长；布线时不许将电加温线交叉、重叠、扎结；电加温线工作电压一律为220伏，不许两根串联，不许用三角接法接入380伏三相电源；给土壤加温时应把整根线，包括接头部分全部均匀地埋入土中；从土中取出电加温线时，禁止硬拔硬拉或用铁锹横向挖掘，以免损坏电加温线绝缘层；旧电加温线每年应做1次绝缘检查，可将电加温线浸在水中，引出线端接兆欧表一端，表的另一端插入水中，摇动兆欧表，绝缘电阻应大于1兆欧；电加温线不用时要妥善保管，放置阴凉处，防止鼠、虫咬坏绝缘层。

（二）控温仪

控温仪（图5-9）是电热温床用以自动控制温度的仪器，它能自动控制电源的通断，以达到控制温度的目的。使用控温仪可以节省电量约1/3，并满足各种作物对不同地温的要求。

控温仪在使用时应放在干燥通风的地方，不要反复旋转控温旋钮，以免电位器损坏。感温头的金属头部应插在温床土壤里，假如线不够长，可以居中剪断加长，但最长不许超过100米。每台控温仪内的继电器负载都是额定的，如果使用电加温线的功率大于额定负载，应外加交流接触器，以免烧毁控温仪。

（三）交流接触器

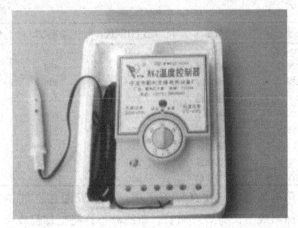

图 5-9 控温仪

电加温线功率大于控温仪的允许负载时，应外加交流接触器（图 5-10）。交流接触器的线圈电压有 220 伏和 380 伏两种，用 220 伏的较适宜。选用 CJ 系列的交流接触器较好。安装交流接触器时应注意安全，由于它的触点裸露，通断时打火花，既要防触电，又要防火。

（四）电热温床的制作步骤

1. 选定电热线的功率密度及铺设密度

功率密度是指单位面积铺设的电热线的功率，用瓦/米² 表示。电加温线加温所需的功率密度，取决于当地的气候条件、育苗季节、设施的保温性能、蔬菜种类等（表 5-2）。一般播种床的功率密度为 80～100 瓦/米²、分苗床功率密度为 50～70 瓦/米²。

2. 计算布线间距

$$总功率（瓦）＝总加温面积（米²）×功率密度（瓦/米²）$$

$$用线根数＝总功率/每米线的额定功率$$

$$布线行数＝（线长－床宽）/床长$$

图 5-10　交流接触器

布线间距＝床宽/行数－1

线间距一般中间稍稀，两边稍密，以便温度均匀。

表 5-2　电热温床功率密度选定参考值　　　　瓦/米²

设定地温/℃	不同基础地温的功率密度参考值(℃)			
	9～11℃	12～14℃	15～16℃	17～18℃
18～19	110	95	80	
20～21	120	105	90	80
22～23	130	115	100	90
24～25	140	125	110	100

3. 制作

挖床基，布线，连接电源和控温仪，通电试验后盖床土(2～10 厘米)。

一般床宽 1.3～1.5 米，长度依需要而定，床底深 15～20 厘米。电热线铺设时，先在育苗床表土下 15 厘米深处铺设隔热层，如麦秸、碎稻草等，厚 5～10 厘米，用以阻止热量向下传导。在隔热层上撒一些沙子或床土，平整后铺电热线。首先按照布线间距在床的两端距床边 10 厘米远处插短木棍(靠床南侧及北侧的几根竹棍可比平均间距密些，中间的可稍稀些），然后如图 5-11 那样，把电热线贴地面绕好，电热线两端的导线部分从床内伸出来，以备和电源及控温仪等连接（图 5-12）。布线完毕，通电试验后在上面铺好床土。电热线不可相互交叉、重叠、打结；布线的行数最好为偶数，以便电热线引线能在一侧，便于连接。所用电热线超过两根以上时，各条电热线都必须并联使用而不能串联。

图 5-11　电热温床的铺设

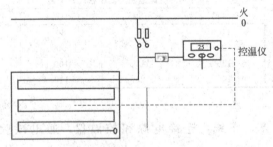

图 5-12　电热温床布线示意图

电热温床的优点是：升温快，温度高，能有效提高地温和近地表气温；使用时间不受季节限制，还能根据蔬菜种类、天气条件调节温度与加温时间，通过仪器自动控制；缩短育苗期（10～30 天），秧苗质量高；电热设备易于拆除，设备利用率高。缺点是较为费电。

电热温床主要用于冬春季温室、塑料大棚培育果菜类幼苗，如黄瓜、番茄、辣椒、茄子、甜瓜等蔬菜育苗（图 5-13）。这些蔬菜的育苗期在 12 月上旬至翌年 1 月中下旬，温度低、生长慢，所以苗龄较长，一般为 80～90 天。由于育苗期间正值一年当中温度最低的时期，如果设施保温能力较差，就必须采取辅助设施进行育苗，而电热温床的育苗方式最为便捷。

图 5-13　电热温床育苗

二、　催芽设备

目前生产上，用于较大规模催芽和播种育苗的设备一般称为催芽室（图 5-14）。用于催芽的小型设备很多，常见的有恒温箱、光照培养箱、生物培养箱、催芽缸、电褥子等。

催芽室是一种能自动调节温度、湿度的育苗设施，它催芽数量大、空间利用率高、节约能源、出苗整齐迅速。催芽室在我国北方寒冷地区应建在温室内，以充分利用温室的空间能量。在冬春比较温暖地区可以建在大棚或其他专门的房子内。催芽室的体积可以根据生产的需要自行设计。一般一个 10 米^3 的催芽室可以播种 2 万米^2 的生产用苗。如在温室内建催芽室，可用双层钢筋骨架塑料薄膜组装，间距 7～10 厘米。由于透光，可利用太阳

图 5-14   催芽室

能加温，出苗后可立即见光。不在温室内建立的催芽室可用双层砖墙，中间放隔热材料以利于保温。催芽室应采用双重门，门外悬挂棉门帘，室内采用电热线加温。布线时空气加温线应以不小于 2 厘米的间距均匀地排在催芽室内，线要距离塑料薄膜 5～10厘米。当外界温度低于 0℃时、催芽室内布线功率密度应大于110 瓦/米^3。经常停电的地区，应将催芽室建在加温温室内，即使停电也不会出现大问题。电器设备如开关、控温仪、控湿仪（感应探头除外）、电表等应放在催芽室外。播种用塑料育苗盘最好，也可用木板制作，将播种后的育苗盘均匀摆放在铁架上。铁架的规格要与催芽室相匹配，层间距离 15 厘米左右，上下分成10 层。铁架下面装四个橡胶轮，便于推进拉出。

　　恒温箱是最常用的催芽设备之一，它控温准确，催芽效果好，但设备成本高，催芽量少。自制发芽箱用木板制成箱体，用控温仪自动控温，250 瓦电加温线或 80 瓦电褥子加热。催芽缸是在大号水缸内放一根缠有 250 瓦加温线的小木架，注意线间应有间距，接上电源和控温仪，缸上加盖棉垫保温，缸底四周都应进行保温处理。这种催芽缸一次可催芽 1.5～3.0 千克种子。

　　电褥子催芽器采用市售电褥子，最好有高温挡和低温挡。将电褥子铺在床或桌子上，上面铺一层塑料薄膜，薄膜上放两层纸或纱布，将浸过的种子（沥去多余的水分）铺在纸或纱布上，厚度 2 厘米左右，种子上再覆盖纱布，纱布上覆盖薄膜，薄膜上盖棉被。接上电源，通过加减覆盖物调节温度。还可通过高温挡或低温挡来辅助调节温度。

三、育苗容器

1. 育苗盘

常见国产或进口育苗盘用黑色聚乙烯塑料制成，大小为 55厘米×27.5 厘米，规格有 50 穴、72 穴、128 穴和 288 穴等。目前，国内生产有一种白色或半透明育苗盘，圆锥形，规格有 40穴、74 穴、96 穴和 148 穴等，价格是黑色育苗盘的 1/3～1/2，取苗操作方便，对育苗盘损耗小，育苗效果同黑色育苗盘。我国的蔬菜穴盘育苗主要采用三种营养面积的育苗盘，可根据不同的蔬菜种类和生理苗龄的需要选择适宜的苗盘。

2. 育苗钵

育苗钵种类繁多，形状多样，有圆形、方形、六棱形等（图5-15），材料为聚乙烯或聚氯乙烯。目前，生产上应用最多的为单个、圆台形塑料钵，底部有一个或三个排水孔，一般钵的上口直径 6～10 厘米，下口直径 5～8 厘米，高 8～12 厘米。生产中应根据不同的秧苗种类和苗龄来选择口径适宜的育苗钵。

图 5-15 育苗钵

3. 营养土块

将配合好的营养土或泥炭土，压制成块形，整齐摆放在苗床上（图 5-16）。配制材料主要是有机肥，一般就地取材，如消毒鸡粪、圈肥等。不管用什么材料制成的土块都应"松紧适度，不硬不散"。播种前浇透水，使营养土块充分吸足水，否则很容易抑制秧苗生长。

图 5-16　营养土块

4. 育苗杯

育苗杯是一种可降解的植物秸秆育苗容器，有连体的，也有单个的（图 5-17）。定植时，幼苗和杯一同移栽，避免伤根伤

图 5-17　育苗杯

苗。根据需要，可以调节育苗杯的降解时间。育苗杯降解后，可以改善土壤结构，提高土壤肥力。使用育苗杯省工、省力，降低费用，具有广阔的发展前景。

5. 纸钵

用纸浆和亲水性维尼纤维等制作而成。纸钵展开时，呈蜂窝状（图 5-18），由许多上下开口的六棱形纸钵连接在一起而成，不用时可以折叠成册。是采用热合或不溶于水的胶粘接而成无底六角形纸筒。纸筒侧面用水溶性胶粘成蜂窝状，折叠式的 250～350 个纸杯可在极短时间内张开装土。在灌水湿润后，纸杯可以单个分离。通过调整纸浆和合成纤维比例，来控制纸杯的微生物降解时间。

图 5-18　纸钵

为了使纸钵中的培养土不散开，而相邻纸钵间的土块又易分开，可以在纸钵下铺透水性好且又不致被根系穿透的垫板或无纺布，应表面平整，且具有弹性，厚度适当。

6. 水培育苗钵

在砾培和现代的深夜流水培技术中常用形状为上大下小的圆台形，底面有孔穴的硬质塑料钵（图 5-19），内装砾石或岩棉，容积为 20～80 厘米³。定植时直接插入定植板的孔穴中，根系随之从底部和侧面的小孔中伸入到营养液中。

四、补光灯具

冬季育苗日照短、光照强度低，不利于秧苗生长。尤其是遇

图 5-19　水培育苗钵

到阴雨、雪天秧苗几乎停止生长，采用人工补光，可以满足作物
光周期的需要。补光的灯具有日光灯、白炽灯、高压汞灯、农艺
钠灯、生物效应灯和农用荧光灯。以高压钠灯、生物效应灯（图
5-20）和农用荧光灯补光效果最好。

图 5-20　生物效应灯

　　生物效应灯适于秧苗补光，光色为日光色，可产生连续光
谱，具有 80 流明/瓦高光效，它热量损耗小，光照强度均匀，光
谱分配比例与太阳光相似，如与白炽灯配合使用效果更好。

　　BR 型农用荧光灯辐射光谱接近植物生长所需要的光谱，在低强度补光处理下可促进幼苗生长和提高秧苗质量。因补光成本高，一般只适用于幼苗阶段。每平方米 50～150 瓦，悬挂于秧苗的上方 2～2.5 米处。注意灯罩应尽可能小一些，以减少阴影。

番茄苗补光，开始 2 周内每天光照（包括日照及人工补光）14～16 小时，以后的 2 周 14 小时。黄瓜从出苗起补光 3 周，花芽分化后不再补光，开始每天补光 16 小时，以后每周减少 1 小时。辣椒补光，当光照强度在 3000 勒克斯时，只有 18℃以上时补光效果好，16℃效果极差；以 6000 勒克斯进行补光的效果受温度影响小。

五、 遮阳设施

遮阳设施既可使用遮阳网（图 5-21），又可用旧塑料薄膜，还可就地取材，用苇子、秸秆等编制成花网状。遮阳网是以聚乙烯烃树脂为主要原料，通过拉丝编制而成的一种轻质、高强度、耐老化的新型农用覆盖材料。网的宽度目前有 0.9 米、1.5 米、1.6 米、2.0 米、2.2 米等，颜色有黑色、银灰色、白色、果绿色等。透光率因型号不同而异，遮光率在 20%～75%。遮阳网同其他覆盖物一样，有遮阳降温的作用，炎夏覆盖，一般地表温度可降低 4～6℃，地下 5 厘米地温较露地低 3～5℃。黑色遮阳

(a) 外遮阳网　　　　　　　　　　　(b) 内遮阳网

图 5-21　遮阳网

网最高温度平均降低 4℃，最大降温 9℃。遮阳后减缓了风速，增加了湿度，减少土壤水分蒸发，有保墒防旱的效果。

六、　空气湿度及降温控制设备

在空气湿度过高时，应开放顶窗或排湿风扇（图 5-22）排湿；空气湿度过低时，可通过微喷或喷雾设备（图 5-23）增高

图 5-22　温室风扇

图 5-23　喷雾设备

空气湿度。微喷或喷雾也是湿帘降温的一种替代方式，高压下将水雾化，通过风机引入温室，随着雾滴的蒸发而冷却空气达到降温的目的。湿帘降温系统的降温过程是在其核心纸垫内完成的，在波纹状的纤维表面有层薄薄的水膜，当室外干热空气被风机抽

吸穿过纸内时，水膜上的水会吸收空气的热量进而蒸发成蒸气，这样经过处理后的凉爽湿润的空气就进入室内了，此时的室内即能马上达到降温5～10℃的效果（图5-24、图5-25）。

图5-24 水帘降温

图5-25 水帘纸垫

七、 二氧化碳施肥装置

设施育苗环境下进行二氧化碳施肥能显著增加幼苗的生物学产量。魏珉曾研究二氧化碳施肥对黄瓜、番茄幼苗生育的影响，发现二氧化碳施肥能显著增大叶片，使叶片肥厚，增加叶肉细胞内淀粉粒的大小和数目，增加基粒数和片层数，提高光合作用和干物质积累。化学反应法、煤球燃烧法、固体干冰法、吊袋式二氧化碳气肥、颗粒二氧化碳气肥和钢瓶液体二氧化碳是目前主要的二氧化碳肥源。化学反应法反应速度快，产气迅速，设备折旧成本较低；煤球燃烧法产气速度中等，原料成本最低；颗粒二氧化碳气肥产气速度较慢且不易调控，原料成本最高。从生态、节能、成本和效果等方面综合评价，煤球燃烧法因资源丰富、成本低廉，符合我国目前的设施、经济、资源和技术条件，具有利用价值。目前，山东已有几家工厂生产用反应法制取二氧化碳的发生器专利产品（图 5-26）。日本产以液化（石油）气为原料的二氧化碳发生器，每分钟可吹出 28 米^3 带有二氧化碳气体的热风，既是二氧化碳发生器，还有一定的加温作用，夏季亦可作为大型温室内的空气流通器，以促进室内的空气流通和热量交换。固体干冰法是使用由二氧化碳低温高压加工而成的干冰，升华成为二氧化碳气体施肥。干冰成本高，不宜普遍推广。吊袋式二氧化碳气肥，是采用温度与光的作用，在一定的温度和光照的条件下，既能释放出二氧化碳，又能溶出有机肥素。吊挂一次便可在25～30 天内较为均匀地产出二氧化碳气体，其浓度最高可达 1 毫升/升左右，满足不同作物在不同的生长阶段对二氧化碳的需要。

图 5-26　二氧化碳发生器

第六章
主要蔬菜育苗技术

第一节
茄果类蔬菜育苗

茄果类蔬菜包括番茄、茄子和辣椒。它们生长期长，在非生长季节在保护地内育苗使其提前生长，明显比直播栽培提早收获，延长结果采收期，增加复种指数，提高产量和增加经济效益。因此，育苗是茄果类栽培的重要特点之一。茄果类蔬菜从播种到现蕾成苗均包括发芽期、基本营养生长期和秧苗迅速生长期三个阶段。

一、 番茄育苗

番茄又名西红柿、洋柿子、毛辣角等，属茄科植物，一年生草本，原产于南美洲西部的秘鲁和厄瓜多尔的热带高原地区。番茄营养丰富，是蔬菜、水果兼用作物，又是多种加工品的原料，在世界各国栽培面积都很大。番茄不仅在露地大面积的栽培，而且也是设施栽培中的重要蔬菜之一。

（一）秧苗生长发育的特点

番茄生长发育快，花芽分化早。

1. 发芽期

从种子萌动到第一真叶破心为发芽期，又叫籽苗期。种子充分吸胀后，在 25～30℃下 2～3 天即可发芽，3～4 天种子萌发出土。子叶出土时已发生侧根。出土后 1 周左右真叶破心，此时幼苗开始由异养转为自养独立生活。发芽期以幼根和下胚轴为生长中心，是幼苗易徒长时期。

2. 基本营养生长期

从真叶破心至第二、第三片真叶展开（开始花芽分化）为基本营养生长期，生产上叫小苗期。往往都是第一、第二片真叶同时展开，生长中心转向叶子，一般平均每 4～5 天展开 1 片真叶。一般在播后 25～30 天开始花芽分化。这一阶段绝对生长量不大，相对生长率很高，为花芽分化奠定了物质基础。

3. 秧苗迅速生长期

花芽开始分化至现蕾（定植）为秧苗迅速生长期，生产上叫成苗期。这一阶段营养生长与生殖生长同时进行，主要是根、茎、叶营养生长，而且叶面积和株幅扩大较迅速，但生殖生长量很小。秧苗迅速生长期茎高增长比较快，育苗过程中仍要注意防徒长，但过分控制也易形成老化苗。多数品种在幼苗长到 7～8片叶时现蕾，从播种至成苗需 65～70 天。

（二）秧苗生育对环境条件的要求

1. 种子发芽期

番茄种子发芽最适宜的温度为 25～30℃，最低发芽温度为 10～12℃。有光不易发芽，黑暗促进发芽，属于嫌光种子。种子发芽要求有充足的氧气。适于种子发芽的土壤湿度为田间持水量的 70% 左右。土壤疏松，透气性好，有利于种子发芽。

2. 子叶出土和秧苗生长期

子叶出土以土温最重要，以 20～25℃为宜。子叶出土很快变绿，有利壮苗。床土保持湿润有利于出苗，并很少"戴帽"。秧苗生长期间要求每天有 8 小时以上较强光照，白天气温 23～25℃，夜间 10～15℃，最适地温为 20～22℃。土壤湿度以 60％左右的田间持水量为宜，要求空气湿度 60％～70％。床土酸碱度以 pH5.5～7 为宜。

（三）番茄育苗技术

1. 播种育苗

（1）播种期的确定　番茄育苗的播种期因各地环境条件不同差异很大，通常是根据绝对苗龄和定植期来决定。露地栽培时，霜期过后即可定植，如为保护地栽培，可提前育苗。通常情况下，番茄育苗中，秧苗具有 7～9 片真叶，第一穗花现蕾即可定植。一般情况下，华北地区在 4～5 月定植，就要求在 2～3 月播种。

（2）种子处理　为了防治苗期病害和提早出苗，番茄育苗播种前一般都应当进行种子消毒和浸种催芽。种子消毒和浸种催芽的方法详见第二章。

（3）苗床播种　番茄出苗前后易发生猝倒病，用五代合剂药土进行床土消毒是防治其病害的有效措施。在床面上，撒播已催芽的种子，用药土作盖土均匀覆盖种子，随后盖上地膜保温保湿。注意用药土播种时要浇足底水，以防止出苗期间发生药害。播种时种子不宜过密，以每平方米播种 25～35 克为宜，而且要均匀分布，防止出苗过密或稀密不均，导致秧苗受光不良向而引起秧苗徒长。

（4）苗期管理　从播种到出苗，苗床温度白天保持在 25～30℃，夜间保持在 18～20℃，空气相对湿度 70％～85％。50％出苗后，逐渐撤掉地膜。从齐苗到分苗是培育壮苗的关键时期。这一阶段管理上应适当通风，增加光照，进行降温管理，白天温度 22～26℃，夜间降到 13～14℃。分苗前 3～5 天适当进行降温炼苗，白天气温保持 20～22℃，夜间保持 8℃以上，幼苗变深绿色或微带紫色时即可分苗。分苗后要适当提高床温，促进缓苗，白天保持温度 25～28℃，夜间 17～18℃。缓苗后要降温管理，促进花芽分化，白天 23～25℃，夜间 13～15℃，同时早揭晚盖并清洁薄膜或在苗床北侧张挂聚酯镀铝膜反光幕，尽量延长光照时间和提高光照强度。定植前的 7～10 天对幼苗进行低温炼苗，由小到大通风，温度白天降到 16～20℃，夜间 8～10℃，以增强抗逆性，适应定植后的环境。

（5）定植前秧苗的锻炼和成苗的标准　培育壮苗是番茄育苗整个过程中的主攻目标。壮苗的标准是既不老化又不徒长，按生长期正常发育。在秧苗移栽前 8～10 天，浇水并逐渐加大通风量，进行低温锻炼。如露地定植的秧苗，可逐步进行炼苗，前期白天可揭除覆盖物，晚上可稍加覆盖，在移栽前 3～4 天，夜间也可不覆盖，逐步达到露地栽培气候。定植于温室的秧苗，要控制较低的温度来达到炼苗的目的。到定植前，秧苗达到 20 厘米以下，茎粗 0.5 厘米以上，具有 8 片真叶，即可定植。

2. 嫁接育苗

番茄嫁接的目的是克服连作障碍、防治土传性病害、延长采收期、提高产量和效益。在选择砧木时，根据土传性病害类型，选择抗相应病害的砧木品种，同时要求植株长势旺盛、嫁接亲和性好、嫁接成活率高、对番茄果实品质无影响。

（1）砧木选择　番茄嫁接砧木北方地区应选抗枯萎病、线虫病和青枯病的砧木品种，如影武者、LS-89，BF 兴津 101、砧木 1 号、耐病新交 1 号、斯库拉姆、砧木 128、托鲁巴姆等。播种时，如果用番茄类作砧木，接穗要比砧木迟播 3～7 天；如果用茄子类作砧木，则需要提前 30 天进行播种。用作砧木的番茄品种，播种后 20～25 天、具有 5～6 片真叶时，从下部第二片真叶上方 2 厘米处横向切断，去除上部生长点，余下部分即为砧木。接穗品种具有 4～5 片真叶时，在下部第一片真叶以下 1 厘米处切断，取上部生长点作为接穗。接穗的下部叶片可以适当去除，保留 2 叶 1 心即可。这样一方面可以减轻接穗的重量，使其牢固竖立在砧木上；另一方面可适当降低嫁接后叶面的蒸发速度，提高成活率。

（2）嫁接方法　番茄嫁接育苗多采用劈接法。砧木去除生长点后，靠其上端用刀片向下 45°角斜削一刀，深度达茎粗的 1/2 稍深，长 1～1.5 厘米，注意不能削得过深，避免茎断裂。接穗茎下端两面各削一刀成楔形，厚度约 0.3 厘米，削面长 1～1.5 厘米。将接穗插入砧木劈口，使接穗与砧木表面充分接合，再用嫁接夹夹牢。采用劈接法伤口愈合好，成活率高。另外，采用在砧木上部，垂直劈开茎中轴的插接法嫁接，效果也很好。嫁接时周围空间用塑料薄膜围起，降低风速，防止嫁接苗风干。

（3）嫁接后管理　番茄嫁接苗从嫁接到成活，一般需要 10 天左右的时间。

① 温度管理。嫁接后的头 3 天白天温度保持在 25～27℃、夜间 17～20℃，地温在 20℃左右。3 天后逐渐降低温度，白天 23～26℃、夜间 15～18℃。

② 湿度管理。嫁接后头 3 天小拱棚不通风，湿度必须在 95％以上。嫁接 3 天以后逐渐降低湿度，维持在 75％～80％。每天都要放风排湿，防止苗床内长时间湿度过高造成烂苗。苗床通风量要逐渐加大，以通风后嫁接苗不萎蔫为宜，嫁接苗发生萎蔫时要及时关闭棚膜。

③ 遮阳管理。嫁接后头 3 天要求白天用遮阳网覆盖小拱棚，避免阳光直射小拱棚内。嫁接后 4～6 天，见光和遮阳交替进行，中午光照强时遮阳，同时要逐渐加长见光时间，如果见光后叶片开始萎蔫就应及时遮阳。以后随嫁接苗的成活，中午要间断性见光，待植株见光后不再萎蔫时即可去掉遮阳网。

3. 扦插育苗

番茄扦插育苗是利用番茄侧枝进行无性繁殖的育苗方式。这种育苗方式可以较好地保持品种特性；育苗时间短，一般 15～20 天；结果早，还能节约种子成本。由于番茄扦插育苗结果早，对营养生长抑制较大，加上根系为不定根，植株生长势较弱，容易早衰，栽培上要加强管理，注意在前期补充养分。

（1）扦插时间　扦插育苗的时间根据栽培季节而定。露地栽培可于 4 月底至 5 月上旬扦插；大棚秋延后栽培可于 6 月底 7 月初扦插，最迟在 8 月上旬扦插；有日光温室可越冬栽培的于 8 月开始扦插。

（2）扦插方式　可选择用营养土扦插或水插的方法来育苗。春季和晚秋采用营养土扦插，以 4～5 月扦插的成活率最高；7～8 月高温高湿季节，苗棚如果没有很好的降温设施，即使覆盖遮阳网，采用营养土扦插也很容易引起插条腐烂，导致育苗失败，因此宜采用室内水插法。

（3）插条选择　适于扦插的侧枝长度一般在 8～12 厘米，带 3～4 个叶片，基部半木质化，并且节间短而均匀，茎秆粗壮，生长发育旺盛。第一花序下的侧枝较理想，中上部的侧枝也可用来扦插。侧枝要用剪刀剪断或用刀子割断，尽量不要用手掐。

（4）修剪枝条　将侧枝从基部掰下，去除下部大叶片，保留中上部 3～4 片叶片即可。番茄的节位处最易生根，可切除侧枝第一节位下部的茎秆。

（5）扦插

① 营养土扦插。将 2 份无病虫害、没有种过茄科作物的肥沃园土加 1 份腐熟有机肥混合过筛，喷 200 毫克/升高锰酸钾溶液消毒，每立方米营养土中加过磷酸钙 1 千克、草木灰 5～10 千克拌匀，装入营养钵中，摆放于苗床上。为促进发根，可将枝条下端 3～4 厘米的部分浸入 50 毫克/升萘乙酸溶液或 100 毫克/升吲哚乙酸溶液中 10 分钟，或者用 0.3% 磷酸二氢钾和 0.2% 尿素混合液浸泡 2～3 小时，之后用清水冲洗。营养钵浇透水后扦插，深度为 3～5 厘米，扦插后立即搭小拱棚，覆盖遮阳网，以保温、

保湿和遮光。

②水插。将1克吲哚乙酸粉剂加入少量酒精溶解，然后加入5千克清水制成生根原液。量取10毫升原液倒入10千克清水中即为生根液。取硝酸钾10.2克、硝酸钙4.9克、磷酸二氢钾2.3克、硫酸镁4.9克，分别加少量水溶解，然后依次倒入盛有10千克清水的容器内搅匀，即成水插育苗营养液。将容积为500毫升的广口瓶消毒，倒入生根液后插入插条，每瓶插10～12条。待插条发根后再用营养液培养。

（6）扦插后管理

①营养土扦插。扦插后5～7天是伤口愈合期，这个阶段要避免阳光直射，遮光率以70％～80％为宜，禁止通风，棚温白天保持在25～30℃、夜间保持在17～18℃，地温保持在18～23℃，空气相对湿度保持在90％以上。扦插苗开始萌发不定根后，可早晚揭开覆盖物，适当增加光照时间和强度，适量通风，棚温白天保持在25～28℃、夜间保持在15～17℃，地温保持在18～23℃，每隔5～7天喷1次0.1％～0.2％磷酸二氢钾溶液。扦插后15天，枝条下端萌发出5～7条5厘米以上的新根和许多不定根时进入成苗期，此时可按照正常苗的管理方法进行管理。

②水插。插入插条后，室温白天保持在22～30℃、夜间保持在12～18℃，空气相对湿度控制在90％左右。隔日换1次水，气温过高或枝条过多时每天换水。插条长成根系发达的幼苗时移入育苗棚炼苗。

二、　辣椒育苗

辣椒又名辣子、海椒、番椒。辣椒在我国各地栽培非常普遍，在北方已成为夏秋栽培蔬菜之一。辣椒中含有丰富的维生素A和维生素C。后期变红的果实，比青甜椒的营养价值高。辣椒可生食、熟食、腌制。尤其是辣椒皮含有辣椒素而有辣味，少量食用可以助消化，增进食欲，是很好的调味品。所以，辣椒是很受群众欢迎的蔬菜。

（一）秧苗生长发育的特点

1. 发芽期

辣椒种子充分吸胀，在 25～30℃下经过 3～4 天开始发根，发根后 2～4 天子叶出土，幼芽分化出两片真叶。低于 15℃或高于 35℃时种子不发芽。子叶出土受光变绿，开始进行光合作用。

2. 基本营养生长期

基本营养生长期是指真叶破心至开始花芽分化。子叶出土后 7～10 天真叶破心，随后几乎是两片真叶同时展开，正常情况下每 5～6 天展开一片真叶。至 4～5 片真叶展开时开始花芽分化。一般要在播种后 35～40 天开始花芽分化，明显晚于番茄，基本营养生长期明显比番茄时间长。

3. 秧苗迅速生长期

秧苗自开始花芽分化便进入了营养生长与生殖发育并行时期，但生殖生长只是花芽分化及发育，生长量很小，至现蕾成苗时仍以根、茎、叶营养生长为主。而且地上部生长逐渐加快，主要是扩大叶面积。茎的增高比较平稳，不像番茄那样易徒长。秧苗迅速生长期平均 5 天左右展开 1 片真叶，辣椒发育较为缓慢，一般情况下从播种到成苗至少需要 70 天。

（二）秧苗生育对环境条件的要求

1. 种子发芽期

辣椒种子发芽温度范围较广，发芽最适温度为 20～30℃，在 15℃以下不发芽，在 25～30℃或变温情况下 3～4 天胚根突破种皮，而且变温比恒温下更有利于发芽。辣椒种子属于嫌光种子，在有光的条件下不易发芽。适于发芽的土壤湿度为田间持水量的 80%左右。土壤中含氧量 10%以上才能正常发芽。土壤疏松，透气性好有利于发芽，而在床土含水量过高条件下发芽率明显降低。

2. 子叶出土和秧苗生长期

子叶出土过程主要是幼根和胚轴生长，以土温最重要。18～25℃下子叶顺利出土，干籽直播 25℃出土最快，在床土较湿润的条件下出土顺利，而且不易"戴帽"。在光照下，出土子叶能很快变绿。秧苗生长要求有较高温度，白天气温以 27℃左右为宜，夜间 18～20℃，地温以 17～24℃为宜，其中以 23～24℃为最适宜。地温过高易造成秧苗徒长，地温低则秧苗生长显著延迟。辣椒有一定耐弱光能力，保护地内的光照一般都可以满足辣椒秧苗生长对光照强度的要求，不太强的光照反而能促进叶的生长，但光照也不能过弱。辣椒具有较强的耐肥性，充足的氮、磷肥能够促进秧苗茎叶发育且提早花芽分化。

（三）辣椒育苗技术

1. 播种育苗

（1）播种期确定 辣椒育苗的播种期因各地环境条件的不同而差异很大，通常是根据绝对苗龄和定植期来决定的。北方地区利用冷床育苗，辣椒秧苗的绝对苗龄一般为 90～100 天，在华北地区育苗的播种适期是 12 月中、下旬，定植期为翌年的 4 月中、下旬。江南地区则通常用大苗定植，秧苗的绝对苗龄为 120 天以上，因此播种期更早。如温床育苗或工厂化育苗，苗龄较短，一般为 70～80 天，育苗时应适当延迟播种。

（2）种子处理 辣椒种子浸水 10～15 分钟，漂出瘪籽，然后进行温水浸种或药剂浸种。药剂浸种可较好地防治辣椒炭疽病、病毒病、立枯病等，消毒方法详见第二章。

（3）苗期管理 辣椒出苗期主要是维持较高土温。

① 控制床温。出苗前苗床要维持较高的温度和湿度。幼苗出土后，要控制温度以不妨碍幼苗生长为主，白天床温保持在 15～20℃，

夜间 5～10℃，直到露出真叶。当真叶露出后，应把床温提高到幼苗生长发育的适宜温度，白天 20～25℃，夜间 10～15℃。

② 加强光照。必须给予种子、植株充足的光照，保证光合作用顺利进行。为了使苗床多照阳光，改善光照条件，在保温的前提下，对覆盖物尽量早揭晚盖，延长光照时间。在揭膜时，要防止冷风直接吹入苗床，造成幼苗受害。

③ 调节湿度。床土湿度过高时，可采用通风的办法降低湿度。但通风降湿要兼顾保温，要考虑当时的天气状况，以幼苗不受冻害为主。床土湿度过低时，可适当浇水，应少量勤浇。在床土快要发白，翻开表土床土结构松散、落地即散的地方浇水。忌傍晚浇水和阴雨天浇水，也忌浇水量过多，造成床土湿度过大。浇水一般在上午 9 点以前，下午 5 点以后。忌高温浇水，否则会引起生理失调。

④ 中耕间苗。幼苗期间，应注意松土，使床土的表层疏松，防止板结，减少水分蒸发，保持床土温度。松土不可过深，避免损伤根系。为防止苗期发生病害，形成高脚苗，结合中耕防除杂草，清除过密的苗子。

（4）定植前秧苗的锻炼　在定植前 1 周进行秧苗锻炼，使秧苗逐渐适应露地的生态环境。但温度的降低应逐步加强，不可突然降低过多。若秧苗出现徒长或生长过快，外界温度又高时，可通过适当控水，阻止幼苗徒长。因此在定植前 2 周应加大通风量和延长通风时间，甚至白天全部揭开，只是晚上防霜冻，仍将塑料膜盖上。定植前 5～7 天，不论白天黑夜都要将塑料膜揭开。

壮苗标准：要求苗高 15～20 厘米，茎直径 1.0 厘米左右，茎尖与茎基粗度差值小，叶展 8～9 叶。叶色深、厚，叶姿挺拔，叶片尖端呈三角形，叶基宽。根系发达，须根多，乳白色。

2. 辣椒嫁接育苗

辣椒由于连作障碍，疫病、根腐病、茎基腐病、枯萎病等土传病害发生严重，尤其是疫病多在结果期发生，常导致毁灭性损失。土传病害是造成辣椒产量下降、种植效益递减的主要原因之一。除了轮作换茬外，采取嫁接栽培，在规避辣椒土传性病害的同时，还可提高辣椒产量。

（1）砧木选择　选用对土传性病害抗性强的品种作为嫁接砧木，如神威、布野丁、PFR-K64、PER-S64、LS279 品等。选用砧木前，一定要了解其与接穗的亲和力，防止因亲和力差而导致嫁接失败。甜椒类可用土佐绿 B 作砧木。有些茄子嫁接用的砧木如红茄、耐病 VF，也可用于辣椒嫁接栽培。

（2）播种　辣椒嫁接多采取劈接的方法，砧木与接穗播种有一定的间隔期。生产实践表明，以砧木、接穗的苗龄划分最为适宜，即砧木两片子叶完全展开后再播种接穗。播种前砧木与接穗的种子均用 55℃热水烫种，水量为种子量的 3～5 倍，边烫边搅拌，水温降低至 30～33℃时浸种 8 小时，捞出洗净后放在 28～30℃环境下催芽，早晚用清水淘洗 1 次，当种子露白率达到 80% 左右时播种。播种最好在晴天上午进行。播种前浇透苗床，水完全渗下后播种，种子上覆土 1 厘米厚，其上用地膜密封，目的是保持较高的床温、湿度，促使种子快速出苗。

（3）嫁接方法　当砧木具 4～5 片真叶、茎粗达 5 毫米左右，接穗长到 5～6 片真叶时，为嫁接适期。嫁接用具主要是刀片和嫁接夹。使用前，将刀片、嫁接夹放入 200 倍的福尔马林溶液浸泡 1～2 小时进行消毒。嫁接场地的光照要弱，距苗床要近。嫁接苗床在温度较低的冬季或早春，应选用低畦面苗床；高温和多雨季节，选择高畦面苗床。嫁接场地周围洒些水，保持 90% 以上的空气湿度，气温宜在 25～30℃，保持散射光照，嫁接场地应用 500 倍多菌灵药液，或 600 倍百菌清药液，对地面、墙面以及空中进行喷雾消毒。用长条凳或平板台作嫁接台。嫁接前 1 天，用 600 倍的百菌清或 500 倍的多菌灵对嫁接用苗均匀喷药，第 2 天待茎叶上的露水干后再起苗。嫁接前，将真叶处的腋芽打掉。采用劈接（图 6-1）、靠接等嫁接方法。

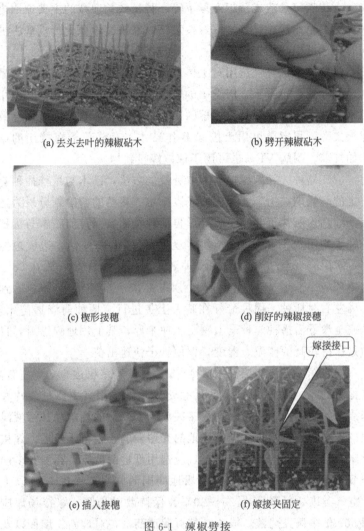

(a) 去头去叶的辣椒砧木　　　　(b) 劈开辣椒砧木

(c) 楔形接穗　　　　(d) 削好的辣椒接穗

(e) 插入接穗　　　　(f) 嫁接夹固定

嫁接接口

图 6-1　辣椒劈接

（4）嫁接后管理　从嫁接开始，到辣椒苗开始明显生长后结束，在苗床条件适宜时，约需要 10 天时间。此阶段对育苗床的环境要求比较严格。

① 温度管理。此阶段苗床的适宜温度为白天 25～30℃，夜间 20℃左右。温度过高时，辣椒苗失水加快，容易发生萎蔫。温度偏高时，要用遮阳网遮阳。此期，如果温度长时间偏低，辣椒苗与砧木间的接合慢，嫁接苗的成活率和壮苗率也较低，一般要求苗床内的最低温度不低于 20℃。为确保苗床的温度需要，低温期要将嫁接安排在晴暖天气进行，同时还需要加强苗床的增温和保温工作。

② 空气湿度管理。此阶段要求比较高的湿度，特别是嫁接后 3 天内要保持 90％以上。在适宜的空气湿度下，嫁接苗表现为叶片开展正常、叶色鲜艳，上午日出前叶片有吐水现象，中午前后叶片不发生萎蔫。通常从第 4 天开始，要适当通风，降低苗床内的空气湿度，防止嫁接苗发生病害。苗床通风发生萎蔫时，要及时合严棚膜，萎蔫严重时，还要对嫁接苗进行叶面喷水。在通风时间安排上，要先早晚，渐至中午，嫁接苗不发生萎蔫的可全天通风。当苗床开始大通风后，育苗土容易干燥，要及时浇水，始终保持育苗土不干燥。

③ 光照管理。此阶段要求散射光照，直射光容易引起嫁接苗温度过高，失水加快，发生萎蔫。此阶段白天要用遮阳网对苗床进行遮光，避免强光直射苗床。从第 3 天开始，要逐渐缩短白天苗床的遮光时间，加强苗床内的光照，防治嫁接苗因光照不足导致叶片发黄、脱落以及诱发病害等。一般前几天先将苗床遮成花荫，后过渡到不遮光。如光照适宜，则嫁接苗表现为遮光前和除掉遮阳物后不发生萎蔫。此阶段需要注意的是在能保持温度、湿度不会大波动的情况下，应使嫁接苗早见光、多见光，但光不能太强，随着愈合过程的推进，要不断延长光照时间，10 天以后恢复到正常管理水平。阴雨天可不遮光。

（5）嫁接苗成活至定植阶段管理　该阶段指嫁接苗旺盛生长到定植前的一段时间。该阶段的育苗环境与常规育苗法不同。

① 加强弱苗的管理。当大部分嫁接苗转入旺盛生长后，要

将苗床中生长不良的弱苗挑出，集中于一个苗床内继续给予适温、遮光和高湿度管理，促其生长。

② 断茎与抹根。对靠接苗，还要选阴天或晴天下午，用刀片将辣椒苗茎从接口下切断，使接穗辣椒苗与砧木完全进行共生。断茎后的几天，嫁接苗容易发生萎蔫和倒伏，要对苗床进行适当的遮光。对发生倒伏的嫁接苗要及时用枝条或土块等支扶起来，一般1周后便可转入正常的管理。对砧木苗茎上长出的侧枝以及接穗辣椒苗上长出的不定根，要随时发现随时抹掉。

③ 不要过早摘掉嫁接夹。靠接苗和劈接苗上的嫁接夹不要过早摘掉，留下来保护接口。一般在苗子定植于大田并支架固定后摘掉为宜。

三、 茄子育苗

茄子又称落苏，我国各地普遍栽培，是四季主要果菜，供应期较长，消费量居果菜类前列。由于生长期与结果期均很长，很少有直播栽培，故我国各地主要实行育苗栽培，以早熟、高产、高效为主要栽培目标，育苗技术和秧苗质量在栽培中占有重要地位。

（一）秧苗生长发育的特点

茄子根系深而广，吸收能力强，但根系木拴化严重，受伤后发新根能力较弱。地上部生长比较缓慢，秧苗株幅介于番茄和辣椒之间。通常具有4～5片真叶时开始花芽分化，在茄果类中是生长发育较迟缓的蔬菜。

1. 发芽期

种子萌动到真叶破心为发芽期。浸种10小时左右完成吸胀作用，胚开始活动继续进行生理吸水。吸足水的种子经3～4天在30℃下开始发根，再经过3～4天子叶出土。子叶出土时生长点已分化两个叶原基。出苗后一般需要1周真叶破心，子叶充分长大。

2. 基本营养生长期

真叶破心至开始花芽分化为基本营养生长期。第一、第二片真叶几乎同时展开，其后在正常情况下，平均5～6天展开1片真叶。早熟品种在第三真叶展开时开始花芽分化，晚熟品种在第四片真叶展开后开始花芽分化，大体上是在播种后1个月左右。此阶段为花芽分化与发育奠定了物质基础。

3. 秧苗迅速生长期

秧苗迅速生长期是指花芽开始分化至现蕾成苗的时期，也是营养生长与生殖生长并行期，但根、茎、叶营养生长量远远大于生殖生长量，地上部生长明显加快。这一阶段以扩大叶面积为主。秧苗迅速生长期平均5～6天展开1片真叶，一般从播种到成苗至少需要70～80天。

（二）秧苗生育对环境条件的要求

1. 种子发芽期

茄子对发芽温度的要求比黄瓜、番茄高，发芽最低温度为15℃，适温是25～35℃，最高发芽温度是40℃左右，在白天30℃、夜间20℃的变温情况下发芽较好。干种子直播25℃出土快。温度低时发芽慢、不整齐；在高温下发芽快，但生长势不一致。发芽时吸收的水分接近种子重量的60%。茄子种子发芽属于嫌光性，在光照下发芽慢，在黑暗条件下发芽快。种子发芽不能缺氧，土壤中含氧量20%左右适宜发芽。发芽过程中忌二氧化碳浓度过高。土壤疏松、气体交换顺利是种子发芽的适宜条件。

2. 子叶出土和秧苗生长期

子叶出土要求土温20～25℃为宜，苗床土壤湿度为田间持水量的70%～80%时出苗顺利，且很少"戴帽"。在阳光照射

下，子叶出土后很快变绿；在弱光或无光的发芽室里出苗，长得
细弱。秧苗生长期适温为 22～30℃，正常生育的高温约为 32～
33℃，低温界限为 15℃。一般在－2～－1℃时能冻死秧苗；高
温 35～40℃时虽然茎叶生长未出现障碍，花器发育却发生障碍。
白天地温 24～25℃、夜间 19～20℃能促进根系发育。在夜温
10～30℃范围内都可以形成花芽，夜温提高促进花芽形成，但花
的素质变劣。低夜温可以降低花芽着生节位。在强光照和 9～12
小时的短日照条件下，幼苗发育快，花芽分化早。此外，茄子育
苗期间，要求有充足的土壤水分和充足的氮素及磷素，特别是氮
素营养的不足会影响花芽发育。

(三) 茄子育苗技术

1. 播种育苗

(1) 播种期确定　茄子的播期应严格掌握，育苗天数过长时
根系容易老化。传统育苗方式的育苗期长，北方露地早熟栽培的
育苗期长达 100 天以上，南方需要 120 天以上，秧苗易老化，应
在当地适宜定植期的 100～120 天前进行播种。而保护地育苗使
育苗期明显缩短。在我国北方，育现大蕾的苗需 60～70 天，南
方需 90～100 天。根据当地适宜定植时间按育苗期往前推算，就
可以确定适宜的播种期。

(2) 种子处理　茄子种皮厚又加之种皮外部有黏液，吸水
慢，需对种子进行处理。种子处理时先进行消毒，然后浸水 10
分钟左右除去瘪籽，如用温汤或药液消毒则先水选后消毒。浸种
10～12 小时，然后放在白天温度 30℃、16 小时，夜间 20℃、8
小时的变温条件下催芽，或在催芽（苗）室直接播种。也可用开
水烫种（先用冷水将种子浸透），促进种子吸水，水凉后浸种 7
～8 小时即可。种子催芽前必须将种子外的黏液搓洗干净，以免
影响种子的正常出芽。

(3) 苗床播种　茄子对床土条件要求较高，尤其是床土的保

水性，应采用疏松肥沃的床土，北方多采用 1/3 园土和 2/3 腐熟有机肥配制。茄子猝倒病比其他果菜都严重，为了预防茄子苗期猝倒病和立枯病，应进行土壤消毒，即每平方米用 70％五氯硝基苯和 50％福美双各 5 克与 15 千克干细土充分混匀制成药土，播种时采用药土下铺上盖。底水要浇足。提倡电热温床播种出苗或育苗盘播种催芽室出苗。每平方米苗床（盘）播种 25～40 克，每亩栽培面积需播种 15～20 克种子。

（4）苗期管理　覆土后床面覆盖地膜，电热温床和普通地床均扣上塑料小拱棚。出苗期间以 20～25℃土温为好，为了节约能源也至少要维持 18～20℃土温。播后 5～6 天子叶陆续出土，当有 1/2 左右子叶出土时揭除床面地膜，把育苗盘搬至温室中阳光较好部位，边出苗边绿化。扣小拱棚的电热温床和普通地床于中午前后放风，防止烤伤幼苗。茄子常有"戴帽"出土现象，可用喷雾器于傍晚把种壳喷湿，让幼苗夜间脱帽；如有顶土盖子出苗现象，可喷湿盖土，再把土盖子扦碎保墒。茄子苗在子叶出土至真叶破心期不易徒长，直至分苗前，维持 18～20℃地温，白天气温 25～28℃，夜间 16～17℃，但不能低于 15℃。如苗床干旱，可浇一次透水，茄子以覆土保水为主，防止低温高湿引起猝倒病发生。

2. 茄子嫁接育苗

茄子生产中，若连年重茬种植，易导致茄子黄萎病、枯萎病、青枯病、根结线虫病等土传病害发生严重，茄子的产量及商品性也在逐年下降，严重的大棚甚至绝产。采用嫁接育苗，利用高抗或免疫的砧木品种进行嫁接栽植可有效预防这些土传病害。嫁接后可消除连作障碍，提高了茄子的商品性、品质、产量，延长采收期。

（1）砧木选择　用赤茄、托鲁巴姆、CRP、耐病 FV 等作砧木，尤其以托鲁巴姆做砧木，应用最为广泛，可防多种土传病害。

（2）砧木种子处理及播种　茄子砧木需要比接穗提前播种，具体播期主要取决于砧木的出苗和生长速度。托鲁巴姆需比接穗提前 25～30 天、CRP 需提前 20～25 天播种。

　　播种前对休眠性较强的茄子砧木种子要进行处理，托鲁巴姆不易发芽，可用 100～200 毫克/升赤霉素溶液在 20～30℃ 条件下浸泡 24 小时，取出后用清水洗净，再用清水浸泡 24 小时，取出后用清水洗净待催芽。播种时由于托鲁巴姆拱土能力差，盖土 2～3 毫米即可，2 叶 1 心时移入营养钵。当砧木苗子叶展平，真叶显露时播接穗。

　　（3）嫁接方法　茄子嫁接方法主要有劈接法和贴接法两种。当砧木具 6～8 片真叶，接穗具 5～7 片真叶，茎干半木质化，茎粗 3～5 毫米时进行嫁接。嫁接用的刀子要干净，不沾土。

　　① 劈接法。嫁接时在砧木距地面 3.3 厘米处平切，去掉上部，保留 2 片真叶，然后在砧木茎中间垂直切入 1 厘米深。然后将接穗苗拔出，在半木质化处去掉下端，保留 2～3 片真叶，削成楔形，楔形大小与砧木切口相当，随即将接穗插入砧木的切口中，对齐后用特制的嫁接夹子固定好（图 6-2）。

 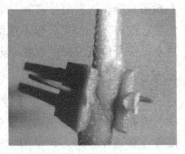

图 6-2　茄子劈接　　　　　图 6-3　茄子靠接

　　② 贴接法。嫁接时砧木保留 2 片真叶，用刀片在第 2 片真叶上方的节间向上斜削，去掉顶端，形成角度为 30° 的斜面，斜面径长 1～1.5 厘米。再将接穗拔出，保留 2～3 片真叶，去掉下端，用刀片削成一个与砧木同样大小的斜面，然后将接穗和砧木的两个斜面贴合在一起，用夹子固定好（图 6-3）。

　　（4）嫁接后管理　嫁接后立即移入塑料小拱棚内密封，前 3

天保温、保湿、全天遮光，棚内温度控制在白天 25～30℃，夜间 17～20℃，空气相对湿度 95％以上。3 天后，早晚要逐渐增加光照时间、逐渐通风、逐渐降低温度，温度高时一般可采用遮光和换气相结合的办法调节，白天 23～26℃，夜间 17～20℃，相对湿度 70％～80％。6 天后随着伤口的愈合，可逐渐揭开薄膜和遮阳物，增加通风量和通风时间。8 天后去掉小拱棚，转入正常管理。

嫁接苗成活后砧木侧芽生长极其迅速，还要及时摘除砧木萌芽，且要干净彻底，促进接穗的生长发育。10～15 天接口完全愈合，去掉夹子。定植时嫁接苗接口处要高出地面 3cm，以防接穗再生根扎到土壤中受到病菌侵染致病。茄苗现蕾时开始定植。

第二节
瓜类蔬菜育苗

瓜类蔬菜种类很多，我国以黄瓜、西瓜、甜瓜、南瓜、冬瓜等占重要栽培地位。瓜类蔬菜是主要育苗蔬菜。瓜类幼苗脆嫩，生育快，对环境条件敏感，尤其黄瓜对育苗技术要求更高。在瓜类蔬菜生产中，苗期的养分供应对花芽的分化有很大的影响。瓜类蔬菜的苗期（从播种到现蕾），分为发芽期和幼苗期两个阶段。

一、黄瓜育苗

黄瓜别名王瓜、胡瓜、青瓜，是世界性蔬菜，我国各地普遍栽培。在保护地栽培中黄瓜面积很大。黄瓜以嫩果供食，营养丰富，既可生食，亦可熟食，还可用以加工，产量高，在蔬菜供应中占有重要的地位。

（一）秧苗生长发育的特点

黄瓜秧苗生长发育快，娇嫩，易徒长。黄瓜花芽分化和现蕾开花比其他育苗蔬菜都早，因此成苗快。

1. 发芽期

种子充分吸水萌动到第一真叶破心为发芽期。在 25～30℃ 条件下吸水充分的种子经 12～18 小时胚根突破种皮，3 天后子叶出土，出苗后 4～5 天真叶破心，发芽期结束。发芽期胚根发育成主根，并发生一级侧根，当子叶展开时生长点分化出 3～4 个叶芽。发芽期需要较高的温度和湿度，以利于幼苗出土和发芽整齐。但此期胚轴生长快，在夜温偏高的情况下，很容易徒长。

2. 幼苗期

从真叶破心到秧苗现蕾为幼苗期。在适宜条件下，这一时期 30 天左右。黄瓜幼苗的基本营养生长期很短，在第一片真叶直径 2 厘米左右时，开始花芽分化，之后营养生长和生殖生长同时进行。在幼苗期，根茎叶的营养生长量远远大于生殖生长量，即幼苗期主要是以扩大叶面积和促进花芽分化为重点。幼苗期平均每 4～5 天展开 1 片真叶，叶面积迅速扩大。在弱光、高温、高湿条件下，茎伸长生长明显，很容易徒长。如果较长期低温、干旱，又容易出现"花打顶"。黄瓜在花芽发育前期没有雌雄之分，属于两性期，两性期之后则到达性分化时期。

（二）秧苗生育对环境条件的要求

1. 种子发芽期

黄瓜种子发芽要求高温，发芽最低界限温度为 15℃，适温 25～35℃，最高界限温度 40℃。黄瓜发芽对温度敏感。温度高则发芽快，但胚芽细长，不宜超过 30℃；温度低则不易出芽且易烂种。所以 25～30℃ 为干籽直播出土适温，催芽播种适温为 20～25℃。黄瓜种子萌发一般为嫌光性，在光照下发芽慢，在暗处发芽快。在高温下种子萌发对光没有明显反应，而在 20℃ 以下低温萌发表现为嫌光性。当土壤含水量在 15%～16% 时黄瓜种子发芽率最高。黄瓜种子萌发对含氧量要求较低，氧气浓度达到 5%对种子发芽无不良影响。土壤疏松、透气性好有利于种子发芽。

2. 子叶出土和秧苗生长期

白天适宜气温 25℃左右，夜间 15℃左右，秧苗生长适宜地温为 20～22℃。当气温较高时，稍低的地温秧苗生育良好；而气温较低时，地温稍高秧苗生育也较好。根系发育的最低地温为 12℃，正常发育适温在 15℃以上。较大昼夜温差有利于黄瓜雌花形成，白天 25℃左右，夜间 13～15℃。雌花着生节位低，而且雌花多，黄瓜苗也喜光，光合能力强的叶片光饱和点为 5 万勒克斯，光合能力低的叶片为 2 万～3 万勒克斯，但比其他果菜有一定耐弱光能力。每天有 8 小时以上直射光，秧苗生育正常，冬春季保护地育苗，至少应当有 6 小时以上直射光。黄瓜苗对床土理化性质要求严格。要求床土通透性好，pH5.5～7.2 为宜，即微酸到中性。黄瓜育苗要求较丰富的营养条件，在一般营养基础上适当增施磷肥对增加雌花数有明显的效果，但黄瓜根系较弱，不耐肥。黄瓜幼苗根吸收能力较弱，而叶片大、蒸发量大，生长吸收水分较多，一般以土壤持水量的 60%～70%为适，空气相对湿度以 70%～80%最适。

(三) 黄瓜育苗技术

1. 播种育苗

(1) 播种期确定 确定黄瓜适宜的播种期，受到品种、栽培茬口、栽培设施、天气不同而有较大差异，北方日光温室和塑料大棚黄瓜用苗一般传统育苗方法需要 45～55 天 (4～6 片真叶)，露地黄瓜 30～35 天成苗 (3～4 片真叶)。南方阴雨天较多，露地黄瓜 40～45 天成苗。应用新的育苗方法，可以使成苗期缩短几天。黄瓜的育苗播种期可根据定植期和育苗方式的不同来确定。

(2) 种子处理 种子处理常用温汤浸种方法。待大部分种子露白即可播种。选晴天播种，如遇阴雪天，在 2～4℃低温下炼芽，防止芽长的细长，播种时容易损伤。

（3）苗期管理

① 温度。黄瓜育苗阶段最好进行两高两低的温度管理，即出苗期和育苗中期适当高温管理，尤其是出苗期；出苗后和定植前低温管理，尤其是出苗后，防止形成高脚苗。出苗期适宜温度是 18℃，最适 25～30℃，最高 35℃；出苗后第一片真叶展平，最低 14℃，最高 25℃。

第一片真叶至第三片真叶生长期，要采用昼夜变温管理，白天温度 25～32℃，夜间应保持在 13～17℃，土温控制在 15℃以上。定植前 7～10 天加强炼苗，主要是逐步降温、加强通风、增加光照，昼温保持 20～25℃，夜间保持 10℃以上，以不受霜冻为准。在不同季节采取各种有效措施，使黄瓜育苗达到最适温度。冬季育苗可以通过铺设地热线、温室内加盖小拱棚等措施，使苗床的夜温不低于 10℃，短时间不低于 8℃。夏季通过盖遮阳网等方法，使苗床最高温控制在 35℃以内，短时间不超过 40℃。

② 水肥管理。由于育苗时间、育苗方式以及育苗期间的天气情况不同，黄瓜育苗期间的浇水次数及浇水量差别较大。冬季或早春育苗 5～8 天浇 1 次水，而夏秋季育苗可能每天都要浇水。总的原则是黄瓜苗期控温不控水，既要保证黄瓜充足的水分供应，又要防止浇水过大造成沤根。一般保持田间最大持水量的 80%～90%。现在多采用营养钵或营养方育苗，体积较小，而且与苗床底土分离，水分散失较快，应当经常观察床土水分变化，及时补充水分，还要在浇水之后在苗床上撒些细土，以减少水分的蒸发。在黄瓜的育苗后期，适当增大浇水量，减少浇水次数，使床土见湿见干。

③ 光照。要培育壮苗，光照十分重要。冬季育苗为延长日照长度，在保证温度的条件下尽量早揭晚盖草苫等不透明的覆盖物。为提高光照强度，最好采用新的塑料薄膜，并经常清除上面

的灰尘等。在温室的后墙张挂反光膜。连续阴天最好采用人工补光，如用高压汞灯在早晨和傍晚进行补光。雪天过后应扫除积雪及时揭苫见光。夏季育苗光照太强对黄瓜幼苗的生长也不利，高温强光时可覆盖遮阳网进行遮光降温。

光照对花芽分化影响也很大，强光下有利于雌花形成，而弱光有利于雄花生成。一般在夜温9℃、8小时的短日照条件下，雌花发育多，第一雌花节位降低。低温短日照条件下有利于黄瓜雌花分化发育，通过调整覆盖物（如草苫）及通风，可有效地控制光照时间和温度，以达到促进雌花分化的目的。

④ 其他管理工作。一是苗床有裂缝时，应覆湿土。二是阴天及雪后也要揭苫争取光照。连续阴雪天后突然转晴，草苫不能一下全部揭开，要逐渐让幼苗见光，防止发生闪苗。揭苫后发现叶片稍有萎蔫要及时"回棚"，恢复后再揭，经1～2天幼苗适应之后再转入正常管理。雨后降温或遇强寒流侵袭，应增加覆盖物保温。

2. 嫁接育苗

采用黄瓜嫁接育苗栽培，能避免发生镰刀菌枯萎病等土传病害。同时嫁接苗根系强大，生长旺盛，耐寒、耐热、抗病等抗逆性和适应性增强，瓜条大，总产量较自根苗提高20%以上。生产中嫁接黄瓜的砧木以选用黑籽南瓜和南砧1号为好。

不同的嫁接方法要求的适宜苗龄不同。黄瓜出苗后生长速度慢，黑籽南瓜生长快，要使两种苗同一时间达到适宜嫁接的标准，就要错开播种期。靠接法要先播种黄瓜，黄瓜播种后5～7天，再播种南瓜，这样可使两种苗子茎粗相似，易于嫁接，成活率高。黄瓜出齐苗后要适当通风炼苗。待南瓜苗的子叶展开，第一片真叶初露时；黄瓜苗的子叶由黄变绿，完全展开，第二片真叶微露时，为靠接的最佳时机。黄瓜嫁接方法主要是靠接法和插接法，具体嫁接方法参照第三章。

二、 冬瓜育苗

冬瓜耐热，由于其根系强大，吸水吸肥能力较强，耐旱性也较强，对土壤条件要求不高。冬瓜可以越夏栽培，高产，耐储藏，我国南北普遍栽培，是夏秋季主要淡季蔬菜之一。冬瓜主蔓结瓜为主，主蔓着生雌花节位又高，结瓜晚，生长期长，为了提前其生长期，早结瓜，争高产，多进行育苗栽培。

(一) 秧苗生长发育的特点

1. 发芽期

由种子萌动到第一真叶破心为发芽期。通常播种 5～7 天，子叶即可出土。冬瓜种子的种皮较厚，有角质层，不易下沉吸水，而且内种皮透水性差，浸种时在内外种皮间易形成水膜，影响透气性，导致种子发芽缓慢，发芽不齐。

2. 幼苗期

第一片真叶破心至团棵（甩蔓前）为幼苗期。幼苗期营养生长仍较慢，在短日照和低夜温条件下能降低第一雌花节位。此外冬瓜一般早分苗或不分苗，苗龄不宜太长，可采用容器直接育成苗。

(二) 秧苗生育对环境条件的要求

1. 种子发芽期

冬瓜喜高温，在 15℃ 以下不能正常发芽，其发芽适温为 25～30℃，根系伸长的最低温度 12℃，根毛发生的最低温度 16℃，比黄瓜要求温度高，因此，冬瓜子叶出土后不像黄瓜等易徒长。

2. 子叶出土和秧苗生长期

秧苗生长适温为 25～32℃，若温度过低、光照不足及湿度较大，会严重抑制秧苗生长，甚至导致秧苗死亡。在较长日照、较强光照、适宜温度和湿度条件下，生长良好。冬瓜根系吸水吸肥能力较强，耐旱性也较强，对土壤条件要求不严格，疏松、肥沃的土壤有利于培育壮苗。

（三）冬瓜育苗播种技术

1. 播种育苗

冬瓜育苗天数 35～40 天，以此确定播种期。

2. 种子处理

冬瓜种子因种皮厚且有黏液而导致发芽困难。浸种可用开水烫种。采取干籽直播法时，浇足底水，往往比浸种催芽出苗率高，而且出苗比较整齐，但要比浸种芽芽早播 2 天。

3. 苗期管理

（1）温度管理　白天保持 22～30℃，夜间 10～15℃。播种后出苗前温度适当高些，白天保持 30℃左右，夜间不低于 13℃；定植前温度适当低些，白天保持 22～26℃，夜间 10～13℃。

（2）水分管理　苗期应保持土壤湿润，严格控制浇水次数。次数过多，会降低苗床温度，并且导致病虫害的发生。浇水要轻浇，一般在上午进行。浇水后要适当通风，降低空气湿度。苗床在施足底肥的情况下，一般可不进行追肥。苗期其他管理可参照黄瓜苗期管理。

三、 南瓜育苗

南瓜，别名倭瓜、番瓜、饭瓜、番南瓜，葫芦科、南瓜属的植物，一年生蔓生草本。南瓜包括南瓜属的五个栽培种，包括美洲南瓜（西葫芦或角瓜）、中国南瓜（倭瓜）、印度南瓜（笋瓜）、黑籽南瓜和灰籽南瓜。其中西葫芦和倭瓜在我国普遍栽培，笋瓜栽培量稍少些。尤其露地栽培西葫芦是初夏重要果菜，保护地栽培更可提早上市。倭瓜和笋瓜是夏淡季蔬菜。育苗栽培是提早供应市场和增加经济效益的重要途径。

（一）秧苗生长发育的特点

南瓜的根系均较发达，吸收水肥能力强，叶片有很多茸毛或刺毛，蒸腾量较小，尤其蔓性西葫芦、倭瓜和笋瓜耐旱性较强。南瓜根系易木栓化，再生能力差，根系受伤后恢复很慢，因此南瓜需护根育苗。南瓜都是雌雄异花同株，其雌雄花性别分化基本上都在苗期进行，以矮生西葫芦花芽开始分化最早。

1. 发芽期

从种子萌动至真叶破心为发芽期。种子催芽，芽长 0.3～0.5 厘米时是播种适期。催芽播种至子叶展平需 4～5 天，子叶展平至真叶显露需 3～5 天。

2. 幼苗期

真叶破心至定植为幼苗期。南瓜展叶比黄瓜等大多数瓜类快，平均 3～4 天展开 1 片真叶，成苗也快。

（二）秧苗生育对环境条件的要求

1. 种子发芽期

南瓜喜温耐热，对发芽温度要求较高，种子发芽下限温度 15℃，发芽适温为 25～30℃。温度过高时发芽虽快，但胚芽细长，生长势较弱；温度过低时发芽慢，不整齐。

2. 幼苗期

秧苗生长适温为 18～32℃，子叶出土至真叶破心较快，通常 2～3 天后真叶破心，并很快展叶。但南瓜在此阶段易徒长，并易受寒害。因此在破心前一定要注意防止徒长和保温防寒。南瓜不喜过湿土壤。

（三）南瓜播种育苗

1. 播种期确定

南瓜属喜温蔬菜，种子发芽适温 25～30℃，秧苗生长适温 18～28℃。南瓜秧苗在具有 3～4 片真叶 35～40 天苗龄时即可定植。可根据定植期来推算适宜的播种期。

南瓜宜用温床或电热畦育苗，可浸种催芽后播种，也可干籽直播。

冷床育苗应先浸种催芽，选冷尾暖头时播种，以保证有足够的温度出苗，温度过低易造成烂种。南瓜种子在 25～30℃下催芽，经 36～48 小时后种子露心时播种。播种时为防止"戴帽"，种子应平放，播种后覆土 2 厘米左右。

2. 苗期管理

出苗期和移苗缓苗期的地温应在 20～30℃。由于南瓜破心前最易徒长，从子叶出土起就应通风降温炼苗。移苗前一般不浇水，以免降低土温和徒长。出苗和缓苗后土温应降至 17～18℃。从破心到移栽定植前 7～10 天，白天气温保持在 20～25℃，夜间13～15℃。

苗期应保持土壤湿润，严格控制浇水次数，浇水一般在上午进行，浇水后要适当通风，降低空气湿度。

第三节
甘蓝类蔬菜育苗

甘蓝类蔬菜是我国的最重要蔬菜种类之一。甘蓝类蔬菜种类很多，有大白菜、小白菜、结球甘蓝、花椰菜、球茎甘蓝、芥菜等。其中结球甘蓝、花椰菜、球茎甘蓝和茎用芥菜一般都是育苗栽培，而大白菜和小白菜依不同栽培季节，实行直播或育苗栽培。甘蓝类蔬菜的苗期分为发芽期和幼苗期。

一、 结球甘蓝育苗

结球甘蓝简称甘蓝，又叫洋白菜、卷心菜、包菜、莲花白、疙瘩白菜、圆白菜等。以柔嫩的叶球供食用，可炒食、凉拌、盐渍，可做泡菜、脱水菜等。结球甘蓝适应性广，抗性强，耐储运。我国南北各地都可栽培，各地均行育苗栽培。由于甘蓝有早、中、晚期品种，在春、秋季均可播种，定植期、供应期不同，育苗方法也有所不同。

（一）秧苗生长发育的特点

1. 发芽期

种子萌动至第一真叶展开为发芽期，一般为 7 天左右。第一对真叶展开并与两片子叶间夹角各为 90°，俗称拉十字。

2. 幼苗期

第一片真叶展开至定植（团棵）为幼苗期。通常早熟品种幼苗期大约 25 天完成，中晚熟品种大约为 35 天完成。

（二）秧苗生育对环境条件的要求

1. 种子发芽期

甘蓝是耐寒性蔬菜，种子在 2～3℃时能缓慢发芽，但很难出土，实际上发芽出土温度在 8℃以上。发芽出土最低温度为 18～20℃，最适温度为 25～35℃。幼苗经低温锻炼后则具有更强的耐寒能力。

2. 子叶出土和秧苗生长期

秧苗生长适宜日均温为 15～19℃，也能在 25～27℃下正常生长，经过锻炼的秧苗，能忍受较长时间 -2～-1℃ 及较短时间的 -5～-3℃ 低温，甚至更低些。秧苗生长对温度适应范围较广。甘蓝为绿体春化型，必须在幼苗长到一定大小以后，经过长期的低温刺激才能通过春化。当甘蓝苗茎粗 0.6 厘米以上时才能接受低温感应，0～10℃是春化适温，以 4～5℃最适宜，一般要经过 45 天以上才能通过春化。不同类型的品种春化特性有差异，晚熟的大型品种要在幼苗较大时，70 天以上低温才能通过春化；

早熟小型品种在幼苗较小时，较短时间低温就能通过春化。因此，低温季节培育甘蓝苗，应当注意防止通过春化，对早熟小型品种尤应注意避免，因为通过春化之后，苗端就要开始花芽分化，定植后在温暖长日照下将要先期抽薹，不能结球。甘蓝苗生长对光照强度要求不严。甘蓝喜湿又有一定耐旱性，一般要在80%～90%的空气相对湿度和70%～80%的土壤湿度下生长，以土壤潮湿环境下生长良好。甘蓝幼苗适于在微酸性至中性土壤上生长，pH以6～7为宜。对土壤营养元素吸收较强，苗期吸收氮肥较多，特别是在莲座期对氮素的需求达到最大。

（三）甘蓝育苗技术

1. 播种育苗

（1）播种期确定　甘蓝播种期因品种、地区和栽培季节不同而有较大差异。通常是根据苗龄和定植期来决定的。

① 春甘蓝。春甘蓝应选用冬性强、较早熟的品种。秋季阳畦播种越冬育苗者，播种期比较严格，既不能使苗龄偏大，避免通过春化，又不要使苗龄太小，以免越冬期间被冻死或晚熟。大部分春早熟栽培育苗播种期为11月下旬至12月下旬。春育苗时，育苗天数为50天。

② 夏甘蓝。夏甘蓝栽培，可于4月下旬至5月下旬分期播种，适宜苗龄30～35天。当夏甘蓝秧苗达到5～6片真叶时，应及时定植。定植时间以下午和傍晚为宜。

③ 秋甘蓝。秋甘蓝都在夏季高温季节育苗，播种期为6～8月，苗龄35～40天。

（2）种子处理　甘蓝播种前通常不进行催芽处理，用干籽直播。

（3）苗期管理　冬春季育苗应在大棚等保护地设施内进行，并注意保温。夏秋高温季节育苗应在遮阳网覆盖下进行，提倡采用防雨育苗。

① 温度管理。甘蓝喜温和气候，也能抗严霜和耐高温。2～3℃

时能缓慢发芽，但以 18～25℃出苗最快。出苗后的子叶期应降温至
15～20℃，真叶时期应升温至 18～22℃，分苗后的缓苗期间温度应
提高 2～3℃。冬春育苗 3～4 片真叶以后，不应长期生长在日平均温
度 6℃以下，防止通过春化。定植前 5～7 天又要逐渐与露地温度一
致。特别是冬春育苗的秧苗，必须给予 0℃左右的低温锻炼。凡经
锻炼的秧苗，一般能忍耐-5～-3℃的低温，甚至更低。

　　② 水肥管理。夏秋高温多雨季节育苗，应选择深沟高畦、
排水良好的地块。播种前浇足底水，出苗后应在苗床地表干燥时
浇透水，保持苗床湿润。如小水勤浇，易徒长。夏秋高温育苗要
防雨淋和防涝；即使干旱浇水，也宜在早晨和傍晚轻喷水。4 片
真叶时追施 1 次氮肥，每平方米 10 克尿素，随后喷水。

　　③ 光照管理。冬春保护设施内育苗应充分见光。夏秋高温
季节育苗，应用遮阳网覆盖避免强光照，但阴天或晴天下午 4 时
以后仍应揭去遮阳网见光。

　　④ 分苗及壮苗。甘蓝是耐移植蔬菜，可分苗 1～2 次。分苗
1 次，在 2 片真叶期间进行完毕；若分苗 2 次，第一次在破心或
一叶一心时，第二次在 3～4 片真叶时进行。6～8 片真叶时定
植。春甘蓝秧苗定植前有 6～8 片真叶，下胚轴高度不超过 3 厘
米，节间短（未明显拔节）、叶片厚，根系发达，无病虫害，未
通过春化，为适龄壮苗。

2. 扦插育苗技术

　　甘蓝采用腋芽扦插育苗，目的在于采种，适于繁殖原种。露
地早熟栽培甘蓝进入商品成熟期时在田间进行株选，插上标志，
然后收取叶球上市，将全部莲座叶连根留下，令其在原地生长，
为预防切口腐烂，在切去叶球的同时涂抹农用链霉素防腐。收叶
球后 20 天左右，当腋芽长到 3～4 厘米长时，将腋芽从主茎上稍
带一点老皮掰下或用刀切下，然后开沟扦插于设有阴棚的高畦
中。床土用沙壤土较好，扦插行株距为（15～20）厘米×7 厘
米，扦插深度以不埋没腋芽为度。扦插后每天浇少量水，始终保

持土壤湿润。扦插 20 天左右，腋芽茎部发出新根，按 30 厘米×40 厘米的株行距定植露地，秋天形成小而紧的叶球，收后冬储，翌年春定植于大田中采种。

二、白菜育苗

白菜又名结球白菜、大白菜、黄芽菜，属于十字花科、芸薹属、芸薹种中能形成叶球的亚种，素有"百菜唯有白菜美"的称誉。白菜为两年生植物。白菜营养丰富，深受消费者的青睐。我国各地均有栽培，以北方栽培面积大，是秋冬季主要蔬菜。秋冬茬主要是直播栽培，也有育苗栽培的。育苗栽培具有苗期占地面积小，便于遮阳降温、打药、防病虫，定植后不易缺苗和有利于茬口衔接等优点，但比直播费工，移栽易伤根。栽培春大白菜往往都需要育苗。大白菜小株采种需要播种育苗或扦插育苗。

（一）秧苗生长发育的特点

1. 发芽期

从种子萌动到第一对真叶展开为发芽期。白菜种子在适宜的条件下发芽迅速，充分吸水的种子萌发出土快，通常 36 小时就可萌发出土。播种 7～8 天后第一对真叶展开，并与两片子叶夹角各为 90°，俗称拉十字，标志着发芽期结束。

2. 幼苗期

第一片真叶展开到第一叶环（即除基生叶之外具有 5～8 枚叶片）形成为幼苗期。通常早熟品种需要 16～17 天发生 5 枚幼叶，晚熟品种需要 21～22 天发生 8 枚幼叶。第一叶环呈圆盘状排列，为"开小盘"，圆盘状的叶丛称为团棵，标志着幼苗期结束。

（二）秧苗生育对环境条件的要求

1. 种子发芽期

秧苗营养生长过程与甘蓝相近似。大白菜是半耐寒性蔬菜，种子在 8～10℃能缓慢发芽，最适温度为 18～25℃，在 26～30℃范围发芽最快，但幼芽细弱。播种后，种子在适宜的温度、水分、氧气条件下，大约 2 天萌发出土。

2. 子叶出土和秧苗生长期

幼苗期适应的温度范围比较广，在 20～28℃温度下，能正常生长，最适宜的温度为 22～25℃，低于 5℃停止生长。如果温度过高，特别是高温又干旱，幼苗生长不良，土温太高根系生长不良，叶片小，生长势弱，易发生病毒病，秋大白菜的夏育苗常有这种高温危害。春大白菜育苗主要应注意低温影响。大白菜在种子萌动后就可以感受低温条件刺激，通过春化，属于"种子春化型"。大白菜春化过程对温度要求不严格，一般在低于 10℃温度下，10～20 天完成春化过程。当温度低于 2℃时，春化进行较慢，在 10～15℃下也能在较长时间通过春化。低温影响可以积累，并不要求连续低温。低温刺激时间不长，遇到较高温度，可解除以前的低温春化作用，称为"脱春化作用"。大白菜是长日照作物，但对日照时数要求不严格。因此，在大白菜育苗期间有较长时间低温就能通过春化，引起花芽分化，以后在温暖长日照下，能抽薹开花。苗期对水分要求不多，但在高温干燥的情况下，苗期浇水有利于降低土温、壮苗、防病。要求 70%左右的空气相对湿度，高温高湿不利于幼苗的生长。要求氮肥充足，若氮肥不足，秧苗生长缓慢。磷肥能促进叶原基分化和根系生长。缺钾则生理功能减弱。如果氮肥过多，而磷、钾不足，则秧苗徒长，叶大而薄。床土最适宜的 pH 为 6.5～7。

（三）白菜育苗技术

大白菜栽培一般多进行直播，也可育苗移栽。大白菜有用于栽培春白菜的育苗、用于小株繁种的育苗、用于栽培秋白菜的夏育苗和扦插育苗。春季早熟栽培中，为提早收获上市供应，一般在设施内进行育苗，后移栽在中小拱棚内或大田栽培。秋大白菜若前茬作物腾茬晚，可采取育苗移栽的方法，以提早播种、提早生长，提早收获上市供应。

1. 春季大白菜育苗

春早熟或春季大白菜育苗期正值冬季或早春，气温比较低。大白菜种子萌动后，遇到低温很易通过春化，春季较早直播易造成未熟抽薹。一般要在终霜前后直播才能避免未熟抽薹，但适合大白菜生长的时间太短，高温很快就到来，生长和结球不良，病虫害严重，栽培效果不好。因而提前在保温性能好的日光温室、大棚和中小拱棚里进行播种育苗，可以避免或延缓春化，定植后生长时间较长，高温到来时已结球，病虫害少，栽培效果较好。整地做畦，播种前7～10天，扣严塑料薄膜，夜间加盖覆盖物如草苫子、棉被等。苗床首先灌底水，等水下渗后均匀撒播种子，一般用种量3～5克/米²。播后覆细土1厘米。

苗期温度管理是春早熟大白菜栽培成败的关键。春大白菜的育苗天数为30～35天。大白菜种子比较便宜，发芽率较高，育苗时可不必催芽，而是干籽直播。出苗期间维持土温15℃以上，幼苗出齐之后，降低土温2～3℃，白天气温20℃左右，夜间10～12℃。撒播移植缓苗期提高温度2～3℃，以后再降下来。当夜间温度不低于8～10℃时定植。

幼苗阶段要通过早揭晚盖草苫子，延长幼苗的见光时间。及时清除膜面，增加透光率，从而改善育苗阶段低温弱光的不利条件，培育壮苗。

2. 秋白菜育苗

秋大白菜育苗期在7月中下旬至8月上中旬，较高的气温常常影响和抑制大白菜幼苗的生长，而且往往病毒病严重发生而导致减产，甚至绝收。南北方都是露地育苗，选择排水良好、没有种过十字花科蔬菜的地段整理苗床，浇透底水，干籽直播。一种是撒播，出苗后间2～3次苗，使营养面积为6～8厘米见方。二是按营养面积划方格，每方格播 3～5 粒种子，出苗后间 2 次苗。大白菜育苗播种要比直播栽培的播期早 3～5 天，育苗期为 20 多天。如果播种后有大雨，雨前须用草帘等覆盖，防止雨拍，保证种子顺利出苗，覆盖物应雨后揭除。还要防止苗床干燥，为了保持床土湿润，应小水勤浇。也可降低土温，以利于出苗整齐和秧苗正常生长，增强抗病毒病能力。1 片真叶期和 2～3 片真叶期各间苗 1 次，留苗距 4～5 厘米，5～6 片叶时移苗定植。

3. 扦插育苗技术

白菜扦插育苗目的主要是采原种。白菜扦插育苗是从经过选择的冬贮白菜植株上切取每一叶柄的基部，使每一叶柄均有一个腋芽和一小块茎的组织，经生长素处理后进行扦插的方法。将扦插材料插入到基质当中，保持 20～25℃ 的温度和 85%～95% 的空气相对湿度，适当遮光，避免阳光直接暴晒，经过 7～8 天的培养产生愈伤组织，14～15 天产生大量须根并发芽。将发芽的幼苗移栽到营养钵中，在保护地中生长一段时间后定植到采种田里。

除此方法外，也可将白菜植株切去根部和纵向切成两半，挖出髓部催芽，当腋芽长出小叶时，切下来放置一段时间后用药处理，然后扦插。

4. 穴盘育苗

采用穴盘育苗每亩使用 228 孔蔬菜育苗盘 20～25 张，育苗 4500～5500 株，占地 3～4 米^2，用籽量 25～30 克。穴盘育苗占地面积少、便于管理，所育小苗整齐一致，定植后不用缓苗。育苗基质一般采用草炭土和蛭石混合物（2：1 体积比），每亩基质总量 0.06～0.07 米^3，并加入多菌灵 6～7 克，或百菌清 12～15 克。基质配好混合后装盘并播种，播后浇透水，穴盘放于床架或地面上。小苗出土后两叶一心时开始浇氮、磷、钾复合营养液，浓度 0.2%～0.3%。冬季 2～3 天浇 1 次，夏季 1 天浇 1 次。苗龄 25～30 天。3～4 片真叶时定植。早春保护地育苗要注意温度保持在白天 20～25℃，夜间 13℃以上。夏季育苗要注意及时补水、补肥、防虫。防虫除药剂防治外，一定要增加沙网防虫，如气温太高，还应加盖遮阳网降温。

三、花椰菜育苗

花椰菜别名菜花、花菜、花甘蓝、洋花菜、球花甘蓝，有白、绿两种。绿色的叫西兰花、青花菜，十字花科芸薹属，是一种全球普遍栽培的重要蔬菜之一，在我国南北各地均有栽培。花椰菜春秋两茬，均进行育苗栽培。

(一) 秧苗生长发育的特点

花椰菜秧苗的营养生长过程与甘蓝相似。

1. 发芽期

发芽期为种子萌动到第一对真叶展开。花椰菜在适宜的条件下种子萌发迅速，出土快。

2. 幼苗期

幼苗期为第一片真叶展开到第一叶环（即除基生叶之外具有5～8枚叶片）形成。花椰菜幼苗期的生长量虽然不大，但是以后生长发育的基础。

(二) 秧苗生育对环境条件的要求

1. 种子发芽期

花椰菜是半耐寒性蔬菜，它的耐寒耐热能力都比结球甘蓝差一些。由于花椰菜的产品和营养储藏器官均为花球，栽培季节对品种的选择较为严格。最适宜的发芽温度为 18～22℃。2～3℃时，发芽很慢，甚至不出苗；温度为 25℃发芽最快，但细弱。刚出土的幼苗抗寒能力较弱，经过低温锻炼的幼苗则具有较强的抗寒能力。

2. 子叶出土和秧苗生长期

花椰菜幼苗生长最适宜的气温为 13～19℃，地温为 22℃。

未经锻炼的幼苗在－2～－1℃叶片易受冻害。花椰菜属低温长日照植物，秧苗生长要求光照充足，光照不足会造成秧苗瘦弱。忌严热干旱，喜湿润，需氮肥较多，要求疏松、肥沃、保水渗水良好的床土。

（三）花椰菜播种育苗技术

1. 播种育苗

花椰菜的播种期因品种和各地环境条件的不同差异很大，通常是根据绝对苗龄和定植期来决定。花椰菜对播期要求严格，过早过晚播种都可能出现毛花或小花等问题。在长江流域地区，通常6～12月播种；华北地区春季2月中上旬播种，秋季6月上旬至7月上旬播种；东北地区春季2月下旬至3月上旬播种，秋季的播种期与华北地区相似。

2. 苗期管理

① 春花椰菜育苗多在温室内播种，浸种催芽播种保苗率高，也可干籽直播。出苗前要加强保温措施，促使幼苗迅速出土，白天控制在20～25℃，夜间在10℃左右为宜。当苗全部出齐后，要适当降低苗床的温度和湿度，防止幼苗徒长，白天控制在15～20℃，夜间在5℃左右。苗出齐后一定要注意通风降温，否则高温高湿环境易造成幼苗徒长，形成高脚苗，影响早熟高产。第一片真叶展开至分苗，苗床内温度以控制在15～18℃为宜，不高于20℃，最低温控制在3～5℃。温度控制主要是通过覆盖物的晚揭早盖和通风实现的，使苗床温度处于幼苗生长的适宜范围内。晴天一般在上午10时至下午4时揭开覆盖物，随后开始通风。温度高时可适当早揭晚盖，通风也可早放晚关，甚至加大通风量；温度低（如阴天）和风大时适当晚揭早盖，减小通风量。覆盖物的揭盖早晚、通风量的大小、通风时间的长短，应根据气温、风力大小和幼苗生长情况而定，要掌握从小到大、逐渐增加的原则。

为增强幼苗定植后对低温和干燥的抵抗力，促进缓苗，在定植前 15 天应进行低温炼苗。通过逐渐加大通风量，使苗床温度和湿度逐渐下降，开始一般掌握在 5℃左右，以使幼苗不受冻为宜。先把苗床上边的薄膜揭开，夜间覆盖物不盖严，并逐渐撤去薄膜和覆盖物，使苗床温度逐渐接近气温，定植前 3 天完全揭除薄膜和覆盖物。幼苗长到 7～8 叶时即可定植，移栽前浇透起苗水，苗龄一般 60 天左右。

② 秋花椰菜都是露地育苗，夏季或秋初播种，气温较高且多雨，应选择通风凉爽的苗床育苗，最好在苗床上架设遮阳棚防雨降温。撒播种子，出土后 2～3 片真叶时分苗。分苗同时要浇水遮阳，防止秧苗萎蔫，提高成活率。秧苗成活后，轻施 1 次氮肥，4～5 片真叶时可酌情再轻施 1 次氮肥，每次追肥与浇水结合。5～6 片真叶时定植，夏秋定植的苗龄不宜过大，小苗龄易成活。

3. 壮苗标准

壮苗龄，春播苗为 60 天左右，夏播苗为 25 天左右。壮苗株高 15 厘米左右，有 5～6 片真叶，叶色浓绿，稍有蜡粉，叶片大而肥厚，节间短，叶柄短，根系发达，须根多，无病虫害和机械损伤。

第四节
绿叶菜类蔬菜育苗

一、芹菜育苗

芹菜又称旱芹，为伞形科芹菜属二年生植物，原产于地中海沿岸的沼泽潮湿地带。由于它适应性强，栽培较易、产量较高，所以我国各地均有栽培，在绿叶菜中占重要地位。芹菜主要以叶柄供食，含有较多的矿物质、维生素和挥发性物质，促进食欲，并具有降压等功效。

芹菜分为洋芹和本芹两大类。洋芹又叫西芹，为芹菜的一个变种，从国外引入，叶柄宽、厚而扁，纤维少，多实心，味淡，高产，单株重达数千克。本芹即在我国长期选育而成，分春芹和白芹两类型。

芹菜分育苗和直播两种栽培方式，春季露地早熟栽培和保护地栽培多为育苗栽培，有时秋芹菜也实行育苗栽培。

（一）秧苗生长发育的特点

芹菜属耐寒性蔬菜，要求较冷凉湿润的环境条件，在高温干旱条件下生长不良。芹菜种子外皮呈革质，透水性差，发芽较慢。光对促进芹菜发芽有显著作用。

芹菜为绿体春化蔬菜，当苗龄达 30 天以上，幼苗分化 4 片真叶，苗粗达 0.5 厘米以上就可以感应低温。在 2～5℃低温下，经过 10～20 天可通过春化，10℃以下也可缓慢春化。芹菜春化感应受日历苗龄影响大。经过春化的植株，在长日照条件下可抽薹开花。因此春季播种过早易发生未熟抽薹，而秋芹菜需到第二年春天才抽薹开花。高温长日照条件加速抽薹，而短日照和较低的温度抑制抽薹。苗株越大，感应低温能力越强，完成春化所需时间越短。

（二）秧苗生育对环境条件的要求

1. 温度

种子在 4℃时开始萌发，发芽适温为 15～20℃，7～10 天可出芽，25℃以上发芽力迅速降低。幼苗适应能力较强，可耐 −5～−4℃的低温，营养生长的适宜温度为 15～20℃，26℃以上生长不良。

2. 光照

芹菜种子发芽需弱光，在黑暗条件下发芽不良。营养生长期对光照要求不高，但光照强度和日照长短对生长发育均有不同程度的影响。光照强，日照时间长，很快就能抽薹开花；光照弱，日照时间短，营养生长好，叶柄长，质地鲜嫩。因此，芹菜适于冬季保护地栽培。

3. 水分

芹菜根系浅，吸收力弱，所以种子发芽出土和幼苗生长都需要湿润的土壤和空气条件。适宜的土壤相对含水量为60%～80%，空气相对湿度为60%～70%。

4. 土壤营养

芹菜为浅根系蔬菜，吸收能力弱，加之栽培较密，所以，对土壤、肥水条件要求较高，要求富含有机质、保肥保水及透气性好的土壤，适应的土壤pH6.0～7.6。芹菜要求营养充足，特别是氮肥，缺氮造成生长不良，品质下降，如植株叶数分化少，易老化，叶柄易空心。磷的含量不宜过多，否则易使叶片细长、纤维多。钾肥在后期作用更大些，可使叶柄加粗。另外，硼在芹菜生长中也极为重要，缺硼时叶柄发生褐色裂纹

（三）芹菜育苗技术

芹菜是一种全年栽培，可周年供应的蔬菜，一年多次栽培，有春芹菜、秋芹菜、冬芹菜，但以秋季栽培最普遍。也可直播，因其种子发芽困难，高温干旱条件发芽缓慢，出苗不齐，幼苗生长慢，根系弱，吸收能力差，故大多用育苗移栽。北方早熟栽培多为温室或阳畦育苗，夏季为高畦育苗，冬季在保护地内平畦育苗或穴盘育苗。南方为方便排水，多高畦育苗。

1. 播种期

芹菜的播种期因品种和各地环境条件的差异而不同，通常是根据苗龄和定植期决定。育苗期一般为50～60天，适宜定植苗龄为4～6片真叶。

2. 种子处理

由于芹菜种子发芽困难，一般在播前10天即行种子处理。

先搓种子，除去杂质，用湿水浸泡一昼夜，洗去黏液，晾至半干后，在 15～20℃的环境下催芽，7～10 天可发芽结束。芹菜属好光性种子，催芽时在"露白"前适当见光能促进发芽。用 5 毫克/升的赤霉素或 1000 毫克/升的硫脲浸种 12 小时左右，具有代替低温浸种催芽的效果。5 天左右 80%种子露白即可播种。

3. 播种

芹菜种子小，出苗能力弱，育苗时要求湿润、疏松的土壤条件，否则出苗不理想。每平方米床土播种 10 克种子，采用湿播法。苗床浇足底水，种子掺少量细砂土拌匀，撒播，覆土要薄而匀，厚度 0.5 厘米，以利出苗。

对于采用 72 孔穴盘育大龄苗的，亦可先播在 288 孔的苗盘内，当小苗长至 1～2 片真叶时，进行移栽，以提高保护设施前期的利用率，减少能源的消耗。

4. 苗期管理

（1）覆盖遮阳网　夏季育苗，温度高，不利于出苗，播种后，为了保湿和降低床温，可在畦面上搭盖荫棚或遮阳网等。

（2）合理浇水　在育苗期间要特别注意水分的掌握：一般以小水勤浇为原则，保持土壤湿润。晴天每天适当增加浇水次数而减少每次浇水量。播种至出苗前每天浇水 1～2 次，选择早晨或傍晚进行。出苗后每天浇 1～2 次，待长到 2 叶以后 3～4 天浇水 1～2 次，4～5 片真叶后减少浇水次数，保持土壤见干见湿。由于苗期生长缓慢，天气炎热，土壤潮湿，杂草容易滋生。结合间苗，拔除杂草，每次间苗后须轻浇 1 次水，间苗后盖 1 层薄土。

（3）控制适温　保护地育苗时芹菜出苗后易得猝倒病，应注意温度的控制，注意和喜温的蔬菜分开在不同的温室或苗床育苗。同时应注意避免长时期处于低温下，防止通过春化而未熟抽薹。保护地育苗齐苗后控制白天 17～20℃，夜间 7～10℃，定植前可降到 0℃左右进行抗寒锻炼。白天逐步缩短遮光时间，直到全部揭除光设备，使幼苗得到锻炼，增强对高温的适应性。定植时以具有 4～6 片叶，展开角度为 45°～50°，高 10 厘米左右，叶色深绿，无病虫害的幼苗为适龄壮苗。

（4）适时施肥　幼苗前期一般不追肥，发现生长弱，齐苗后可叶面追施，如 0.3% 磷酸二氢钾和 0.2% 尿素混合肥，促进秧苗生长。追肥要掌握"少量多次"的原则，在 2～3 片真叶以后，可结合浇水进行 2～3 次追肥，给育苗畦冲施尿素或三元复合肥。根据苗情，在苗期还可结合防治蚜虫喷 1～2 次叶面肥。

（5）喷药防治　播种后（未出苗前）可使用化学除草剂，一般每亩使用 50% 扑草净可湿性除草剂 100～150 克，对水 60～70 千克，均匀喷洒畦面，除草效果较好。齐苗后，为防止猝倒病的发生，可每隔 7 天喷施 70% 甲基托布津可湿性粉剂 800～1000 倍的溶液，连续 3 次，可有效地防止死苗、烧苗现象。

二、莴苣育苗

莴苣属一年生或两年生草本植物，主要有叶用莴苣（生菜）和茎用莴苣两种类型。叶用莴苣有结球莴苣和散叶莴苣，茎用莴苣又叫莴笋。一般都进行育苗栽培，特别是结球莴苣和莴笋，更要求育苗栽培。

（一）秧苗生长发育的特点

莴苣是直根系，根系较浅，移栽后侧根发生能力强。莴苣苗期包括发芽期和幼苗期两个阶段。

1. 发芽期

从种子萌动到真叶露心为发芽期。充分吸水的种子经过 8～10 天即可露心。

2. 幼苗期

从真叶破心到第一个叶环 5～8 片叶展开，通常需要 20～25 天。

（二）秧苗生育对环境条件的要求

1. 种子发芽期

莴苣喜冷凉湿润的气候，可耐轻霜冻，忌高温。莴苣种子发芽最适温度为 15～20℃，最低温度为 4℃，最高温度为 30℃。温度过高发芽虽快，但生长势不一致；温度过低发芽慢且不整齐。

2. 秧苗生长期

莴苣幼苗对温度的适应能力较强，生长最适温度为 12～20℃，可耐－5～3℃的低温。莴苣由营养生长向生殖生长的转变不一定要有低温，但必须要有长日照条件。此外，莴苣幼苗有一定的耐弱光能力，且吸水吸肥能力弱，不仅要求有充足的土壤水分和通气条件，还要有充足的氮肥。

（三）莴苣育苗技术

1. 种子处理

播种前应将发育不充实的种子去除，以保证较高的出苗率。莴苣种子小，发芽快，一般多用干籽直播。种子一般只进行晾晒灭菌。若浸种催芽，则先用凉水浸泡 5～6 小时，然后放到 16～18℃条件下见光催芽，经 2～3 天即可出芽。

2. 播种

夏播出苗率低。应比春播适当增加用种量，育苗播种量为 2～3 克/米^2。由于莴苣种子细小，对苗床整地与播种要求精细，播种后覆土稍薄，有利于种子出苗。播后保持床土湿润。夏秋季育苗应防暴雨冲淋和高温干旱，可采用防雨育苗和遮阳网覆盖育苗。一般晴天上午 8 时至下午 4 时盖遮阳网，晚上或阴天全天揭网。

3. 温度管理

保护地育苗时出苗后降低温度。在 2～3 片真叶时移苗，营养面积 36～64 厘米^2。苗期白天控制气温 12～20℃，夜间 5～

10，严防徒长。定植前给予 0℃或更低些温度炼苗。

4. 水肥管理

水宜勤浇，每次不宜过量，尤其对渗水性差的床土更应注意。干旱天气应在早上及傍晚勤浇水，可结合浇水追肥，一般追施腐熟稀人粪 1～2 次，也可用 0.3％的磷酸二氢钾叶面追肥。移植缓苗后及时补充氮肥和适当的磷钾肥。露地育苗不移植的应及时间苗，在 3～4 片真叶时可定苗。在播后 30 天左右，应满足低温和短日照的要求，这样可以预防早抽薹。

5. 莴苣壮苗标准

莴笋与结球莴苣在保护地育苗时，育苗期一般 40～60 天，苗龄 6～8 片叶，须根较多，茎黑绿、较粗，叶片大而宽，株高 15 厘米左右，植株无病虫害和机械损伤。露地育苗和越冬秋苗以 4～6 片叶的苗龄为宜。

6. 莴苣育苗注意事项

在整个莴苣育苗期要预防鼠害，防止因高温高湿而造成细高徒长。在干旱多肥或低温条件下，叶色浓绿，发育不良；在低温干燥条件下，胚短、子叶小，造成僵化苗。因此，在一般情况下，不适于蹲苗。催芽应在冷凉、有光的条件下进行。

第七章
蔬菜苗期病虫害综合防治

蔬菜幼苗是蔬菜生产的物质基础，健壮、无病虫幼苗将为蔬菜高产、优质、高效创造条件。育苗过程中能否有效地防治病虫害是育苗成败的关键性技术环节之一，也是蔬菜栽培成败的前提。育苗阶段幼苗分布集中，群体密度大，病虫易传播，是蔬菜易发病时期。同时也由于苗床所占空间小，管理省工，有利于病虫害的防治。

第一节
主要病害及其防治

一、 病害发生的种类和条件

1. 病害发生的原因

蔬菜生长过程中引起发病的因素有很多，但主要的因素有以下两种。一是不良环境影响，蔬菜生存环境中温度、湿度、光照、空气、营养等条件不正常易诱发病害。如营养条件不适宜引起缺素症或中毒症；温度条件不适宜引起高温或低温危害。湿度条件不适宜引起旱害或涝害等。这些条件具有协同作用，对蔬菜幼苗易产生危害。如早春低温多雨时节蔬菜幼苗易沤根。不良环境引发的病害不具传染性，又称为非侵染性病害或生理性病害。二是病原物侵染。病原物有多种类型，如真菌、细菌、病毒、线虫、寄生性种子植物、放线菌和类病毒等。真菌、细菌、病毒等微生物中的某些种类必须侵入蔬菜体内汲取营养才能存活，导致蔬菜发病。如黄瓜霜霉病、番茄花叶病毒病、辣椒疮痂病等均是由不同病原物侵染所致。由病原物侵染所发生的病害可以相互传染，故又称为侵染性病害。

防治苗期病害要分析发病原因。侵染性病害是由于苗床里存在病原物，防治时要采取选择抗病品种、培育壮苗、控制发病条件、撒布药剂等措施，防止蔓延。生理性病害不传染，解决办法主要是改善育苗床的环境条件。对生理障碍则要注意物理和化学等不利因素的影响，正确使用农药以防止药害。

2. 病害发生的条件

蔬菜病害的发生必须具备三个基本条件：有大量易感病的寄主植物、致病力强的病原物和适宜发病的环境条件。

蔬菜病害发生与否很大程度上取决于植物自身对环境的抗逆性。蔬菜苗期发病多在子叶期或真叶尚未完全展开时期，此时种子内储存的养分逐渐耗尽，根系发育又不健全，植株幼嫩，幼茎尚未木质化，幼苗独立生活能力和抗逆性均差。此时若遇到不良环境条件，幼苗生命活动消耗大于积累，则极易发病。非侵染性病害的发生必然是由于不良环境的影响，而侵染性病害发生也与环境有密切关系。设施内育苗，发生覆盖过严、通风不良、湿度过大、光照不足、幼苗拥挤郁闭、二氧化碳供应不足等状况时，为病害发生蔓延创造了条件。尤其是冬季阴雪低温天气、夏季高温阴雨季节容易发病。当苗床内空气和基质湿度大、温度过低或过高时，幼苗生长细弱，抵抗能力差。病原物繁殖和侵染往往需要高湿环境。高湿的环境条件、生长瘦弱的幼苗和大量繁殖的病原物这三者正是导致病害大面积、快速度发生和蔓延的原因。育苗阶段水分供应过多，通风换气不及时，苗床低温高湿；幼苗拥挤，密度过大，不及时分苗间苗；育苗基质、工具未经灭菌处理重复使用；营养供给不当或使用未充分腐熟有机肥等均易诱发病害。

二、 主要病害及其防治措施

苗期主要易发生猝倒病、立枯病、沤根等病害。由于苗床面积小，秧苗集中、幼嫩、抗病力弱，一旦发生病害很容易蔓延成灾。因此，当发现中心病株时应立即拔掉清除，改善苗床环境条件，及时施药。苗期病害多数是在接近土壤表面处发生，因此喷药时应着重喷到下部茎叶处及土壤表面。幼苗抗药能力很低，用药浓度不可过高。早春气温低，喷药应选择晴天中午温度较高时进行。喷药后要适当放风换气，降低苗床湿度，以免发生药害。

（一）猝倒病

猝倒病俗称"倒苗""霉根""小脚瘟"，主要为害茄果类、瓜类及莴苣、甘蓝、芹菜、洋葱等蔬菜幼苗，冬季和早春育苗时经常发生（图 7-1）。此病在冬春季育苗棚内发生较多，尤其是露地式苗床最常见，严重时幼苗成片倒伏死亡，甚至全部毁苗，导致重新播种，延误农时。

1. 症状

瓜类作物生育全期内均可发病，是苗期的毁灭性灾害。幼苗出土前染病造成烂种、烂芽。出土后不久幼苗最易得病。病苗茎基部初呈水浸状，很快褪绿变黄呈黄褐色，最后病斑绕茎一周使茎缢缩成线状，幼苗失去支撑折倒在地。由于该病发展迅速，幼苗倒地时依然绿色，故称猝倒病。

苗床发病初期零星发病形成发病中心，并迅速向四周扩展造

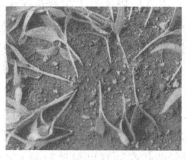
(a) 辣椒苗

(b) 番茄苗

图 7-1　猝倒病

成成片倒苗。湿度大时在病苗残体表面及附近床土上密生一层白絮状菌丝。

2. 病原及发病规律

猝倒病主要由鞭毛菌亚门腐霉菌属的瓜果腐霉菌侵染所致，属真菌土传病害。该菌腐生性很强，随病残体在土壤中越冬或在土壤腐殖质中生存，可随雨水、灌溉水传播，带菌种子、肥料、农具也可传播。病菌在 10～30℃ 范围内均能活动，但苗床发病多发生在对蔬菜幼苗生育不利的温度下。茄果类、瓜类等喜温蔬菜幼苗多在苗床温度较低时发病；绿叶菜、白菜类等喜冷凉蔬菜幼苗多在苗床温度较高时发病。病菌喜高湿，灌水后积水处或温室棚顶滴水处往往最先发病。幼苗子叶中营养耗尽而新根尚未扎实、幼茎尚未木质化时抗病力最弱，为幼苗最易感病期，此时若遇寒流或低温阴雨雪天气，苗床保温不好，加之播种过密，灌水过多，幼苗拥挤，通风透光不良，猝倒病会大面积发生，造成严重损失。长时间 10℃ 以下温度，90% 以上湿度，加之光照不足更易发病。

3. 防治措施

（1）选用无病基质　使用过的基质要做好消毒灭菌处理。在茄果类、瓜类地土中病菌比较多，不宜取用这类土作育苗床土。应选用葱蒜地土或肥沃的粮田土或秋菜田里的土作育苗床土。土壤的含盐、含碱量不能过高，施用的有机肥要充分腐熟。在装床或铺床之前床土要过筛，土粪要混拌均匀，晒几天。日光能杀死一部分病菌。

（2）种子消毒　用 55℃ 温水浸种 15 分钟，或用 50% 福美双可湿性粉剂 300 倍液，或 50% 多菌灵可湿性粉剂 800 倍液，或 25% 的甲霜灵可湿性粉剂，或 65% 的代森锰锌可湿性粉剂 1500 倍液与种子按 1∶3 的比例混合浸种。

（3）加强苗床管理　避免湿度过大和温度过高或过低，及早分苗，培育壮苗，增强抗病性。严格做到苗床的温度、湿度适宜是防治猝倒病的关键。床土要铺平，播种密度要适中，阴雨天要通风，减少苗床湿度。经常松土，提高地温，促进根系发育。及时移苗，扩大营养面积。控制浇水，发现病株及时拔除。根据土壤湿度和天气情况，需浇水时，每次不宜过多，且在上午进行；床土湿度大时，撒些草木灰或细干土，减少土壤湿度。

（4）药剂防治。在病害刚出现时开始施药，为减少苗床湿度，应在上午喷药。施药间隔期 7～10 天，一般防治 1～2 次，并及时清除病株及邻近病土。药剂选用 75% 百菌清可湿性粉剂 600 倍液，或 70% 代森锰锌可湿性粉剂 500 倍液，或 72.2% 普力克水剂 400 倍液。5～7 天喷 1 次，连喷 2～3 次。

（二）立枯病

苗床立枯病俗称死苗，主要为害茄果类、黄瓜等秧苗，也能为害菜豆、莴苣、洋葱、甘蓝、白菜等。立枯病是苗床死苗的重要病害。

1. 症状

立枯病属真菌病害，刚出土苗及大苗均能受害，但一般多发生于育苗的中、后期。患病苗基部产生椭圆形褐色病斑，早期病苗白天萎蔫，夜晚恢复；后病斑逐渐凹陷，扩大后绕茎一周，幼苗逐渐枯死，叶片萎蔫不能复原；最后整株死亡，一般不倒伏，故俗称"站起死"，即病苗至死而不倒（图 7-2）。病斑初期呈椭圆形暗褐色，具有同心轮纹，病部常有褐色蛛丝网状霉，但不显著，后期形成菌核。病部不长明显的白色棉絮状物，是区别于猝倒病的重要特征。

(a) 辣椒苗　　　　　　　　　　(b) 南瓜苗

图 7-2　立枯病

2. 病原及发病规律

病原为立枯丝核菌，是一种土壤习居菌，属真菌。初期无色，老熟时浅褐色至黄褐色。

发病规律：病菌主要以菌丝体或菌核在土壤中或病残体中越冬。腐生性较强，一般在土中可存活 2～5 年。在适宜的环境条件下，病菌从伤口或表皮直接侵入幼茎、根部引起发病。立枯病主要发生在春、秋两季，春季 3～5 月，秋冬季 11 月上旬至 1 月上中旬，在苗床内发生严重，有发病中心。病菌通过雨水、流水、农具转移以及带菌堆肥等传播蔓延。病菌对温度要求较高，20～24℃最适宜生长。刚出土的幼苗及大苗均能受害，一般多在育苗中后期发生。一般苗床温度高，或通风不良使幼苗徒长，或土壤水分忽高忽低。凡苗期床温高、土壤水分多、施用未腐熟肥料、播种过密、间苗不及时、徒长等均易发病。

3. 防治措施

（1）农业防治　选用无病基质，使用过的基质要做好消毒灭菌处理。提高地温，通风，防止高温高湿。喷施叶面肥如 0.2% 的磷酸二氢钾，植保素 7500～9000 倍液。

（2）种子消毒　用种子量的 0.3% 福美双拌种。

（3）药剂防治　可在发病初期开始施药，施药间隔期 7～10 天，视病情连防 2～3 次。药剂选用 75% 百菌清可湿性粉剂 600 倍液，或 5% 井冈霉素水剂 1500 倍液，或 20% 甲基立枯磷乳油 1200 倍液进行喷雾。若猝倒病与立枯病混合发生，可用 72.2% 普力克水剂 400 倍液加 50% 福美双可湿性粉剂 800 倍液喷淋，每平方米苗床用配好的药液 2～3 升，一般 7 天喷 1 次，连喷 2 次。

（三）枯萎病

1. 症状

枯萎病又叫蔓割病，植株萎蔫是枯萎病的主要症状（图 7-3）。

(a) 马铃薯　　　　　　　　(b) 番茄

图 7-3　枯萎病

枯萎病主要为害瓜类，特别是黄瓜幼苗。受害后的秧苗子叶向一边扭曲，叶色淡黄绿色。茎基部和根部变褐色，严重时秧苗死亡，多呈猝倒状。还有一种情况是幼苗在受侵染后在一段时期内不呈现症状，定植后陆续发病。

2. 发病规律

土壤和种子都能带菌，24～27℃时病菌生长快。床土过干或过湿或偏酸时易发病。茄果类苗和甘蓝苗时而也有发生。

3. 防治方法

（1）种子处理　用50％多菌灵可湿性粉剂500倍液浸泡1小时，或用40％福尔马林150倍液浸种1.5小时后，用清水冲洗干净，再催芽播种。用70℃恒温72小时使种子含水量在10％以下，检查发芽率再播种。

（2）太阳能消毒　每亩地用1000千克稻草或麦秸，切成4～6厘米的小段撒在地面，再均匀撒施石灰50千克，翻地25～30厘米，铺膜灌水，然后密闭棚室15～20天，可杀死土壤中的病原菌及线虫。不用种过果菜和甘蓝的土壤育苗。

（3）嫁接防病　嫁接是防治枯萎病最有效的方法。如黄瓜以黑籽南瓜为砧木，以抗病黄瓜为接穗，可提高其抗病性。嫁接成功的关键是培育壮苗和嫁接后3～5天保温保湿，定植时土层应在接口以下，防止病菌从伤（接）口侵入。嫁接苗不仅高抗枯萎病、疫病，还比较耐低温和抗白粉病等。

（4）药剂防治　发病初期用50％多菌灵可湿性粉剂500倍液，或50％甲基硫菌灵可湿性粉剂400倍液，或10％双效灵水剂200～300倍液，或农抗120水剂100倍液灌根。每株灌0.25千克药液，每隔5～7天灌1次，连灌2～3次，有一定防治效果，但必须是在发病初期，否则没有效果。

（5）无土栽培　逐步推广先进的无土栽培技术，基本可杜绝枯萎病等土传病害的为害。

（四）灰霉病

灰霉病是近几年随着保护设施栽培发展而发生的一种重要病

害，主要发生在早春苗床，轻者局部死亡，重者大片毁苗。灰霉病以莴苣受害严重，茄果类、韭菜、黄瓜也能受害。

1. 症状

灰霉病的典型症状是，自叶缘向内呈半圆式的"V"字形病斑，病斑上生有灰色霉堆（图7-4）。病菌多从幼苗子叶、下部真叶或结露的叶缘及衰老叶片开始侵染。子叶感病褪绿发黄，逐渐变褐坏死至腐烂，表面生有灰霉。

(a) 黄瓜　　　　　　　　　　　(b) 番茄

图7-4　灰霉病

2. 发病规律

土壤带菌，以其菌核随同病残体遗留在土壤中越冬。在15～20℃、空气相对湿度90％以上时繁殖。低温、潮湿、幼苗受冻后易发生此病。

3. 防治措施

（1）土壤消毒　彻底清除病残体，育苗前用50％速克灵可湿性粉剂1000倍液，或50％扑海因可湿性粉剂800倍液，或50％福美双可湿性粉剂300倍液均匀喷雾。对苗床土壤、棚内四周表面进行灭菌消毒。

（2）清除病苗和控制温湿度　发现病株及时拔除，细心放入塑料袋内携出棚外处理，并喷药保护。设施内注意通风排湿，保持空气湿度在 65％以下，温度控制在 26～30℃，以减少病害的发生。必要时可提高温度达 33℃，抑制病菌产生。

（3）药剂防治　发病初可用 50％速克灵可湿性粉剂 1000～1500 倍液，或 50％扑海因可湿性粉剂 800 倍液，或 50％多霉清可湿性粉剂 600 倍液喷雾防治。每 7～10 天 1 次，连续喷 2～3 次。大棚内用 45％速克灵烟剂熏烟（45％百菌清烟剂也可），每亩用药 250 克，中、小棚则按体积每立方米用药 0.2 克。药剂在棚内分放 4～5 点，用暗火点燃后，幼苗密闭熏 6～7 小时，成株结果期密闭熏 12 小时，第二天早晨通风换气。隔 7 天后再熏 1 次。灰霉病易产生抗药性，使用药剂防病时，应注意不同农药交替使用。

（五）菌核病

菌核病（图 7-5）是十字花科蔬菜重要病害之一，尤以甘蓝、大白菜受害最严重。菌核病菌寄主范围广，除为害十字花科蔬菜外，还能侵害豆科、茄科、葫芦科、莴笋、芹菜、韭菜等多种蔬菜。

(a) 芹菜

(b) 青菜

图 7-5　菌核病

1. 症状

菌核病的典型症状是病部生有黑色鼠粪状菌核。幼苗受害时，茎基部及叶柄易被感染，呈水浸状腐烂，幼苗猝倒。湿度大时病部生棉絮状白霉，后期产生黑色菌核。

2. 发病规律

此病由黑盘菌侵染所致。病菌以菌核遗留在土壤中或混杂在种子间越冬、越夏。当温度适宜时，菌核萌发产生子囊盘和孢子，成熟后弹射散发，通过气流传播。温度低于15℃、相对湿度85％以上、氮肥过量、秧苗徒长时易发生。田间闷热高湿，会加重病害发生。黄瓜、辣核受害较多。

3. 防治措施

（1）农业防治　不用种过果菜的土壤育苗，进行土壤消毒。注意通风透光，特别在温室及大棚内需要加强管理，防止温度偏低或湿度过大。有条件的可与水生蔬菜或禾本科作物隔年轮作。收获后应及时清除病残体，并进行深耕，使菌核埋入深层土壤中腐烂分解。

（2）选用无病种子及盐水选种　在播前用10％的盐水洗种，除去上浮秕种或菌核，下沉的种子用清水洗干净后播种。

（3）加强栽培管理　采用深沟高畦栽培，做好开沟排水的工作，避免田间积水。不偏施氮肥，以防徒长而加重病害。

（4）药剂防治　发病初期喷药，可选用5％农利灵可湿性粉剂500倍液，或50％速克灵可湿性粉剂2000倍液，或50％扑海因可湿性粉剂1500倍液，或70％甲基托布津可湿粉剂1000倍液，或40％菌核净可湿性粉剂1000～1500倍液喷雾。每隔7～10天1次，连喷2～3次。

（六）早疫病

早疫病又称轮纹病，是茄果类大棚冬春育苗的重要病害之一。发病严重时引起落叶，成株期发病引起落果和断枝。该病主要为害番茄、马铃薯、辣椒、茄子等茄科蔬菜。

1. 主要症状

主要侵害茎、叶、果实，以叶和茎叶分枝处发生水渍状圆形凹陷同心轮纹斑为典型症状（图 7-6）。一般下部叶片首先发病，病斑灰褐色，椭圆形稍凹陷，有同心条纹，外围有黄色晕环。潮湿时，病斑上长有黑色霉。果实病斑一般发生在蒂部附近和有裂缝的地方，圆形带褐色，有同心轮纹，其上长有黑色霉，病果常早落。

(a) 马铃薯　　　　　　　　(b) 芹菜

图 7-6　早疫病

2. 发病规律

病菌主要以菌丝体和分生孢子随病残体遗留在土壤中越冬。第二年在适宜条件下通过气流和雨水传播。在高温高湿条件下，病菌可大量形成或萌发，不断侵害，常引起该病流行。该病适宜发病温度为 20～25℃，在昼夜温差大时（白天达 20～25℃，夜间温度很低），棚膜上常易结出露水落在叶片上，加上植物本身吐水，容易形成一层水膜，有利于病害发生。一般老叶先发病，当田间排水不良，肥料不足，植株生长纤弱时，发病较重。

3. 防治方法

采取种子消毒、苗床灭菌、加强苗期管理等措施。开始发病时要用 45％百菌清烟熏，每亩每次用量 250 克，密闭 6～7 小时后通风。以后可选用 25％甲霜灵可湿性粉剂 800 倍液，或 75％百菌清可湿性粉剂 600 倍液，或 50％扑海因可湿性粉剂 1000 倍液，或 77％可杀得可湿性粉剂 500 倍液喷药防治。湿度大时，可选取上述任一药剂每平方米 10 克拌适量干细土在苗床内撒毒土。撒后用鸡毛扫去叶上药土。

（七）霜霉病

霜霉病俗称瘟病、痧斑等（图 7-7），是瓜类、十字花科发生最普遍、为害最严重的病害。在适宜条件下，1～2 周内叶片枯黄。此病为害黄瓜、南瓜、冬瓜、丝瓜、苦瓜、西葫芦、大白菜、青菜、甘蓝、萝卜、芥菜等多种蔬菜，尤以黄瓜、大白菜、甘蓝受害最重。

(a) 黄瓜　　　　　　　　　　　(b) 白菜

图 7-7　霜霉病

1. 症状

霜霉病主要为害叶片。其典型症状是病斑叶背生有一层白色霜状霉。发病初期，病斑为水渍状淡黄色小圆点，无明显边缘，持续时间较长后，叶背病部湿度大或清晨有露水时长出白色至灰白色霉层。病斑受叶脉限制形成多角形，严重时，病斑连成片。病叶呈火烧状，最终叶片、幼茎变黄枯死。一般由植株下部逐渐向上部发展。抗病品种发病时，叶片褪绿斑扩展缓慢，病斑变小，多角形至圆形，病斑背面霉层稀疏或没有，病势发展较慢，叶片上病斑不易连片。如不及时防治，会导致植株早衰，严重影响产量。

2. 发病规律

霜霉病是真菌性病害。其发生流行与温度、湿度特别是湿度有密切关系。病菌以卵孢子形式随病残体在土壤中越冬或越夏，也以菌丝体在病株或留种株越冬，开春后直接为害。卵孢子萌发形成芽管侵染植株，并形成孢子囊借风雨传播再侵染。病菌孢子囊形成要求有高湿环境，气温在 15～24℃ 之间，多雨、大雾潮湿或田间积水，大棚内有水膜、水滴的条件下有利于病害发生。因此，保护设施栽培的水湿环境管理对霜霉病流行程度影响很大。当温度适宜时，如果叶片上没有水分，此病也不会发生。

3. 防治措施

（1）农业防治　如选用抗病品种，培育无病壮苗，加强栽培防病措施。早春大棚注意通风排湿，防止清晨叶面结露。病害严重时可进行高温闷棚。一般在中午密闭育苗设施 2 小时左右，使苗床温度升高至 45～46℃，然后逐步放风缓慢降温。可杀死棚内的霜霉菌。处理时要求土壤较潮湿，若土壤干燥，应在处理前 1 天浇 1 次水。隔 7～10 天处理 1 次，可有效控制病情发展。但要严格掌握温度范围，过高（48℃以上），植株易受损伤；过低（43℃以下），杀菌效果不显著。

（2）药剂防治　苗期和生长前期发现中心病株应及时用药。最简便有效的方法是用 45% 百菌清烟雾剂烟熏，大棚每亩每次用量 250 克，分放 4～5 个点，点燃闷棚，中、小棚每立方米空间 0.2 克。烟熏时闭棚 8～12 小时，用暗火分散点烟，可有效控制霜霉病。还可选用 25% 甲霜灵可湿性粉剂 1000 倍液，或 64% 杀毒矾可湿性粉剂 500 倍液，或 72% 克露可湿性粉剂，或 72.2% 普力克水剂 600～800 倍液，或 75% 百菌清可湿性粉剂 500 倍液喷雾。7～10 天 1 次，连续 3～4 次。上述药剂交替使用，效果更好。有条件的地方还可喷施 5% 百菌清粉尘剂，或 5% 防霉灵粉尘剂，每亩地用药 1 千克，每 10 天用药 1 次。

（八）根腐病

根腐病俗称烂根子，是蔬菜苗期常见病害。为害重，分布广。植株由于根部腐烂，吸收水分和养分的功能逐渐减弱，最后全株死亡。主要表现为整株叶片发黄、枯萎。一般多在3月下旬至4月上旬发病，5月进入发病盛期。主要为害黄瓜、番茄等。

1. 症状

根腐病主要侵染幼苗根部或茎部。初期染病呈水渍状，慢慢呈浅褐色至深褐色腐烂，不缢缩。根茎以下维管束变褐色。后期病部腐烂，仅剩下丝状维管束，植株不长新根，萎蔫而死（图7-8）。

(a) 黄瓜　　　　　　　　　(b) 番茄

图 7-8　根腐病

2. 发病规律

根腐病由镰孢真菌侵染所致。病菌在土壤中越冬，并可长期存活。根腐病借助于土壤、肥料、农具和浇水等进行传播。病菌从寄主的伤口侵入。温度为 15～17℃ 时最易发病，喜高湿。苗床连茬、地面积水、施用未腐熟的肥料、地下害虫多、农事活动造成根部伤口多的地块发病较重。

3. 防治方法

（1）精选品种　选好并整好育苗地块。选择优质品种，并对种子进行浸种加种衣剂处理，并适期播种。

（2）苗床消毒　苗床消毒应在育苗前 1 个月进行，可用 98％垄鑫微颗粒剂，用量为每亩 15～20 千克。首先把苗床病残体清理干净，再浇透水（若土壤湿润可不浇水），让土中各种微生物充分萌发、活化，打破休眠状态，待土壤稍干，耕翻土地，深耕 20 厘米以上，并疏松、平整土壤。

（3）加强苗床管理　加强苗床管理，注意松土，增加土壤的通透性，忌大水漫灌，保证不积水沤根，施足底肥。控制好苗床温度，白天保持在 25～30℃，夜间保持在 10～15℃，防治低温的侵袭。

（4）药剂防治　可用 84％普力克水剂 400～600 倍液浇灌苗床（每平方米用药液量 2～3 千克）；或在移栽前用 84％普力克水剂 400～600 倍液浸苗，也可于移栽后用 84％普力克水剂 400～600 倍液灌根。于发病初期施药防治，用 50％多菌灵可湿性粉 400 倍或 50％敌克松 800 倍液喷雾。

（九）炭疽病

辣椒、豆类、瓜类的重要病害之一。发病严重时，不仅造成严重减产，而且导致商品性低劣，在储运过程中可继续为害。

1. 主要症状

此病的典型症状是瓜、豆类在幼苗期开始发病时，子叶上出现红褐色或黄褐色圆形病斑，凹陷成溃疡状，长出许多小黑点（图 7-9）。叶和茎被害，发生近圆形、椭圆形或不规则形病斑，叶片上沿叶脉扩展成三角形，红褐色到黑褐色。干燥时，病斑中部常破裂。

2. 发病规律

此病由刺盘孢真菌侵染所致。病菌主要以菌丝和分生孢子盘随病残体在土壤中或附在种皮上越冬。第二年产生大量分生孢子，通过风雨和昆虫传播，从作物的表皮或伤口侵入，在叶片上可从叶脉侵入，并能进入种皮使种子带菌。种子带菌，可侵染子

(a) 番茄

(b) 黄瓜

图 7-9 炭疽病

叶，引起幼苗发病，在病斑上形成分生孢子后，进行多次侵染。高温多雨天气，田间排水不良，种植过密而通风不良，施肥不足或偏施氮肥过多，都会加重此病的发生。

3. 防治方法

（1）选用无病种子和种子处理 从无病田或无病株上采种。如果是外购种子，应进行种子消毒处理。可用福尔马林 200 倍液浸种 30 分钟，冲洗晾干后播种。或用 50% 多菌灵加 50% 福美双可湿性粉剂，按种子重量的 0.3% 的药量拌种后播种。

（2）栽培防病 采用高畦地膜覆盖栽培；注意田间排水，加强通风排湿，降低棚内湿度，适当增施磷钾肥；增强植株抗性。罢园后清除病残体，集中烧毁或深埋，减少病菌来源。

（3）药剂防治 发病初期可用 50% 甲基硫菌灵可湿性粉剂 600 倍液，或 65% 代森锌可湿性粉剂 500 倍液，或 50% 苯醚甲环唑 1000 倍液，或 70% 甲基托布津可湿性粉剂 800 倍液，或 50% 苯菌灵可湿性粉剂 1400～1500 倍液，或 50% 炭疽福美 500 倍液喷雾。每隔 7～10 天 1 次，连续喷 2～3 次。喷洒时，不仅要喷布幼苗整株，还要注意喷布地面。

（十）白绢病

白绢病俗称霉菟，在高温潮湿年份发病严重，为害茎基部，引起全株死亡。白绢病的寄主范围很广，除为害茄科蔬菜外，还能为害瓜类、豆类等蔬菜，尤以为害番茄、辣椒、茄子、南瓜等为常见。

1. 症状

白绢病主要为害茎基部和根部，以茎基部产生放射状白色绢丝霉层（即霉苑）为典型症状（图7-10）。病茎基部初呈褐色水渍状病斑，后逐渐扩大，稍凹陷，表面产生白色绢丝状霉层，呈放射状。待病斑向左右扩展，环绕茎基一周后，地上部叶片迅速萎蔫，叶色变黄，最后全株枯死。后期在病部生出许多茶褐色油菜籽状的菌核。根部被害，皮层腐烂并产生稀疏的白色菌丝体。有时近地面果实也会被害，被害部呈软腐状，表面密生白色绢丝状菌丝体和菜籽状的菌核。

(a) 豆角   (b) 番茄

图7-10 白绢病

2. 发病规律

此病由齐整小核菌侵害引起。病菌主要以菌核在土壤中越冬，也可以菌丝体随病残组织遗留在土壤中越冬。菌核抗逆力很强，在田间能存活5～6年，即使通过牲畜消化道仍然存活。病菌适应温度8～40℃，最适温度30～33℃。在适宜环境条件下，菌核萌发菌丝从作物根部或近地面茎基部直接侵入。如果根茎部有伤口，更有利于病菌侵入。田间出现病株后。病株周围土壤中的菌丝沿着土隙裂缝或地面蔓延到邻近植株。此外，病菌还可通过雨水、肥料及农事操作而传播。在酸性土壤中的作物易感病，常发病重。

3. 防治方法

（1）加强栽培管理　作物收获后，彻底清园，翻耕晒土；结合整地施优质腐熟有机肥作基肥；如土壤酸性较重，可每亩施消石灰 50～100 千克，对病害有较好的抑制作用；田间若发现病株要立即拔除销毁，病穴撒少许石灰，控制病害传播。

（2）轮作　最好水旱轮作或与十字花科蔬菜实行 3～4 年轮作。

（3）做好发病前预防　一是深耕晒土，可以促使病菌死亡，此菌在氧气充足条件下不利生长；二是苗床土和定植地用辣椒连作剂绿亨一号进行土壤消毒；三是在 5～6 月用 5％井岗霉素 2000 倍液浇施 2 次，可有效防止辣椒白绢病的发生。

（4）药剂防治　发病初期，采用 15％三唑酮（粉锈宁）可湿性粉剂 1 份，兑细土 100～200 份，撒在病株根茎处。也可用 5％井岗霉素 1500～2000 倍液，或 90％敌克松可湿性粉剂 800 倍液，灌兜或淋施，隔半个月 1 次。发病初期，可用 50％代森铵水剂 800～1000 倍液，或 70％敌克松可湿性粉剂 400～500 倍液，或 20％甲基立枯磷（利克菌）乳油 800～1000 倍液，或 20％粉锈宁乳油 1500～2000 倍液，灌根茎基部。每株灌 0.3～0.5 千克稀释药液，隔 7～10 天再灌 1 次，连灌 2～3 次。发病严重时，灌根的同时结合喷洒药液，用 20％粉锈宁乳油 1500～2000 倍液，或 20％甲基立枯磷乳油 800～1000 倍液，效果会更加明显。

（十一）病毒病

病毒病又称花叶病，是瓜类、豆类、茄果类和十字花科蔬菜为害最严重的病害之一。常见的有花叶、条斑、蕨叶病毒病三种，其中以花叶病毒病发生最普遍。

1. 症状

苗期发病子叶变黄枯萎，幼叶出现浓绿相间的花叶（图 7-11）。

(a) 黄瓜   (b) 辣椒

图 7-11　病毒病

2. 发病规律

病毒病毒源主要有黄瓜花叶病毒、烟草花叶病毒、芜菁花叶病毒等。病毒在瓜类、番茄、辣椒、秋冬芹菜、菠菜、荠菜等作物上越冬，第二年通过蚜虫传播。进行田间作业整枝、摘叶、打杈、摘果等时，通过手可造成汁液接触传播。病毒病的发生与环境条件关系密切，高温、干旱、蚜虫为害重、植株长势弱、重茬等，易引起该病的发生。施用过量氮肥，植株组织柔嫩，较易感病。土壤贫瘠板结、黏重及排水不良，发病也较重。

3. 防治方法

（1）选用抗病品种　采用无病毒的种子，消灭带毒的蚜虫，加强栽培管理，合理轮作，收获后清除病残体，注意田间操作中手和工具的消毒。

（2）种子消毒　用清水浸种 4 小时后捞出放入 10% 的磷酸三钠溶液中浸 20 分钟后洗净催芽播种。

（3）栽培防病　高温干旱时利用遮阳网、防虫网等设施育苗或栽培，减少蚜虫及高温为害；调整播期，避开蚜虫及高温等发病盛期，减轻病毒病发生；合理间作，如辣椒或番茄套种一行菜玉米，能明显减少蚜虫数量，因而减轻病毒病发生；加强肥水管理，春季苗期少浇水，勤中耕，促进早发根早缓苗；增施磷钾肥，促进植株的生长健壮，提高抗病力。

（4）彻底防治蚜虫　要在发病盛期前抓紧早期防治蚜虫工作，以防蚜虫传播病毒。及时用低残毒、易分解杀虫剂防治。

（5）药剂防治　发病初可选用 1.5％植病灵乳剂 1000 倍液，或 20％病毒 A 500 倍液，或抗毒剂 1 号 400 倍液喷雾防治。每隔 7 天 1 次，连续喷 3～4 次。

第二节
主要虫害及其防治

一、蛴螬

1. 习性及为害特点

蛴螬是金龟子的幼虫，又名白地蚕、白土蚕、核桃虫、老母虫、粪虫等。老熟幼虫体长 14～45 毫米，身体柔软多皱褶。静止时弯成 C 形，头部黄褐色，体乳白色。成虫通称为金龟子，呈棕色或黑褐色、黑色，具光泽，体壁硬，前翅厚，并盖住后翅。

蛴螬分布极广，北方发生普遍，4～7 月为活动期。有假死性和趋光性，喜欢未腐熟的粪肥，多种蔬菜幼苗都可受害。蛴螬始终在地下为害，咬断秧苗根茎部，使秧苗枯黄而死，再转移为害。同时，虫伤有利于病菌侵入，诱发病害。蛴螬在春、秋两季为害最重。蛴螬的活动与土壤温湿度关系密切，一般当 10 厘米土温 5℃ 时开始上升土表，13～18℃ 活动最盛，23℃ 以上则往深土中移动。土壤潮湿活动加强，尤以连续阴雨天气，为害加重。

2.防治方法

（1）农业防治　实行轮作，清除田间杂草，进行秋翻；施用腐熟的有机肥，可用碳酸氢铵作追肥；用黑光灯诱杀成虫。

（2）药剂防治　每亩用50％辛硫磷乳油200～250克，加10倍水稀释，喷在25～30千克细土上，拌匀制成毒土。将毒土顺垄条施，随即浅锄；或将毒土撒于播种沟内，覆盖一层细土后播种；或将毒土撒入地面，随即耕翻，或混入厩肥中。在育苗时，每平方米苗床用2.5％敌百虫粉剂3克，拌过筛细土15克，混匀制成毒土，先往苗床内撒一层毒土，然后再覆苗床土。用辛硫磷乳油1000倍液，或80％敌百虫可湿性粉剂800倍液灌根防治。

二、 金针虫

1.习性及为害特点

金针虫，又名笈笈虫、钢丝虫，是菜田的另一类重要地下害虫。菜田常见的有沟金针虫和细胸金针虫。

幼虫在土中为害种子及其新萌芽、幼苗的根、茎，使蔬菜作物在苗期干枯致死，造成成片的缺苗甚至全田毁种。在春秋两季发生，土温7～17℃时为害最重。

2.防治方法

（1）农业防治　耕翻土壤，减少土壤中幼虫存活量，发生严重时可浇水迫使害虫垂直移动到土壤深层，减轻为害。

（2）药剂防治　用50％辛硫磷乳油或48％毒死蜱、48％地蛆灵拌种或制成毒土进行防治。发生较重时用50％辛硫磷乳油1000倍液或48％毒死蜱乳油1000倍液灌根防治。

三、 蝼蛄

蝼蛄又称土狗子、啦啦蛄等。食性极杂，对秧苗危害较大，尤其对播种苗床危害更大。

1. 习性及为害特点

蝼蛄以成虫和若虫在土层深处过冬。蝼蛄喜欢在温暖（10厘米土温 20～30℃）、湿润（10～20 厘米土层含水量 20%左右）土中活动。春秋两季天气温暖时上升表土层活动，进入为害盛期。蝼蛄有趋向马粪等粪肥的习性，以成虫、若虫在地上和地下为害。吃发芽种子，咬断幼苗嫩茎；苗大以后，将根茎咬成乱麻状断头，常造成缺苗断拢；可将土面钻穿成许多隧道，使幼苗成片死亡。温暖湿润、多腐殖质的床土，施未腐熟厩肥多的床土，蝼蛄为害严重。华北蝼蛄以盐碱地、沙壤地发生数量大，东方蝼蛄以高湿低洼地和水淹地发生最多。蝼蛄一般在夜间活动，成虫有趋光性，并喜好马粪以及炒香的豆饼、麦麸等，每年 5～6 月和 9～10 月是两个为害期。

2. 防治措施

（1）农业防治　改良盐碱地，施用腐熟的有机肥料，夏收后翻地，破坏蝼蛄的产卵场所。秋收后先大水灌地，使土壤深层的蝼蛄向上移，在上冻前深翻地，把翻上地表的害虫冻死。在蝼蛄为害期，追肥可用碳酸氢铵等化肥。或用黑光灯、白炽灯诱杀成虫。

（2）利用毒谷防治　多在苗床播种时施入土中。毒谷可用谷子、豆饼、棉籽饼、麦麸等蝼蛄喜食的东西作饵料，干饲料用90%敌百虫 30 倍液拌湿。先将谷子煮半熟（谷粒刚开花），捞出晾到半干再喷药。用豆饼做饵料时，先碾碎炒香。

（3）诱杀　在蝼蛄严重地块可堆鲜马粪诱集捕杀。

（4）药剂防治　每亩用 3%辛硫磷颗粒剂 1.5～2 千克与细土 15～30 千克混匀制成毒土，在耙前撒于地表，或栽植前施入沟内；苗床受害严重时，用 80%敌敌畏乳油 30 倍液灌洞灭虫。傍晚在田间挖个土坑，放 1 个水盆，盆口与地面齐平，装水 8 分满，在水上滴几滴香油，进行诱杀。以 40％乐果乳油拌种，药、水、种子比例为 1：40：400，拌后闷 3～4 小时，待药水被种子吸干后再播种。

四、 地老虎

1. 习性及为害特点

地老虎又叫截虫、切根虫等。以幼虫为害秧苗。我国常见的有小地老虎、黄地老虎、大地老虎三种。

地老虎食性很杂，能为害茄果类、瓜类、豆类及十字花科秧苗。3 龄以前的幼虫，多群集在心叶和幼嫩部分昼夜为害。3 龄以后，白天潜入土表以下，夜间活动为害，特别是清晨多露的时候为害最凶，咬断嫩茎心叶，造成缺苗，严重时甚至毁种重栽。

2. 防治方法

（1）农业防治 清除杂草，消灭杂草上的卵和幼虫。

（2）药剂防治 往秧苗上喷洒农药，可用 40％敌百虫 800～1000 倍液，还可以用 2.5％敌杀死乳油 3000 倍液喷雾。可用毒草诱杀，用 90％敌百虫 50 克加切碎的鲜草 25～40 千克，加少量水拌成，傍晚撒在菜苗附近诱杀。

五、 地蛆

1. 习性及为害特点

在育苗时，种蝇的幼虫钻入瓜类、豆类的种子和芽，引起烂种，减少出苗，或从幼苗根茎部钻入向上钻食，被害处缢缩凹陷，造成萎蔫以致死亡。在华北地区一年发生 3～4 代，主要是第一代幼虫为害重。早春就可产卵，卵期 25 天，孵化后即可为害。

2. 防治方法

对地蛆可采用药剂防治。配制床土不用未腐熟的粪肥。

六、 蚜虫

蚜虫类一般称为腻虫、密虫，在蔬菜苗期可为害茄子、辣椒、瓜类、十字花科等蔬菜。

1. 习性及为害特点

蚜虫在北方一年中发生 10～20 代。晚秋时产生两性蚜，产卵过冬或以成蚜和若蚜在菜窖内或温室里越冬。在华南地区则终年在十字花科蔬菜上行孤雌生殖，一年发生约 40 代。蚜虫主要靠有翅蚜迁飞扩散。在田间发生时都有明显的点片阶段。菜蚜繁殖受环境条件影响很大，在平均温度 23～27℃，相对湿度75％～85％时繁殖最快。

在蔬菜秧苗的背面上，成蚜和若蚜群集吸食汁液，形成褐色斑点，叶片变黄、卷曲，生长受阻。蚜虫还可以传播病毒病，造成的损失往往重于蚜虫对秧苗的直接为害。温室育苗易受蚜虫为害。

2. 防治方法

苗期蚜虫发生部有明显的点片阶段，一般叫窝子密，此时应抓紧防治。如果只是几株有蚜虫，可只在有蚜虫的植株附近打药，当秧苗成本低时，可连苗一起销毁。

常用的药剂有 40％乐果乳剂 1000 倍液，亚胺硫磷 50％乳剂1000～1200 倍液，灭蚜松 50％乳油 1000～1500 倍液，2.5％速灭沙丁 1000 液。

七、 菜青虫

菜青虫是菜粉蝶的幼虫，对十字花科蔬菜秋天的秧苗为害最重。

1. 习性及为害特点

菜青虫在北方一年发生 3～4 代，南方 7～8 代，世代重叠现象严重。幼虫期共 5 龄，10～20 天，幼虫多在叶背或菜心内为害，在炎热季节，白天藏在叶背，夜间取食。

初孵幼虫在菜苗叶背啃食，残留表皮，3 龄以后食量剧增，将叶子吃成网状或缺刻，有时仅留叶脉。幼虫造成的伤口，便于软腐病菌的侵入。3 龄以后幼虫食量大，秧苗小，为害更严重，必须加强防治。

2. 防治方法

以药剂防治为主，消灭幼虫在三龄以前。第一、第二代幼虫发生比较集中，应抓住产卵盛期后 5～7 天，突击打药 1～2 次。可用 90％敌百虫 800～1000 倍液喷雾。也可用菊脂类药物防治。

第三节
苗期病害的综合防治

蔬菜苗期病虫害防治原则上要以预防为主，综合防治。在育苗过程中，病虫害早期不易被发现，喷施药物虽能杀死病原物，但蔬菜却受到损伤，因此病虫害防治必须以防为主，采取多种措施将其消灭在发生危害之前。育苗阶段幼苗分布集中，群体密度大，病虫易传播，是蔬菜易发病时期。同时也由于苗床所占空间小，管理省工，通过合理的栽培管理和环境调控，选择抗病品种和培育壮苗，增强作物的自身抗性，将有利于病虫害的防治。蔬菜育苗过程中采取综合防治措施，培育无病虫、生长旺盛的壮苗，将为后期生长奠定良好的基础。

一、 农业防治

即通过改进育苗设施，利用农业生产中多项技术措施，创造利于蔬菜生长发育，不利于病虫害发生和为害的条件，从而避免病虫害发生或减轻危害。事实上，农业防治的许多措施与培育壮苗的要求相统一。

1. 选用抗病虫品种

同种蔬菜不同品种对同种病害或害虫的抵抗能力不同，应用抗病虫品种实质上是利用蔬菜本身遗传抗性来防治病虫。目前已选育出多种蔬菜抗病品种，但抗虫品种还较少。

2. 环境卫生

育苗场所与外部环境相对隔离，育苗温室应该与生产栽培相分离，专门供育苗使用。同时注意保持温室内外环境卫生，及时清除杂草、残株、垃圾，并将温室门、窗或通风口用细纱网与外界隔离，阻止害虫进入。

3. 加强栽培管理

科学的苗期管理以培育壮苗为基础，提倡营养钵、穴盘育苗；做好苗床保温防寒、降温防雨工作，保证幼苗要求的适宜温度，降低苗床湿度。伴随幼苗生长，及时分苗、间苗和拉大苗距，改善通风透光条件，合理供应肥水，改善幼苗营养条件，多施磷钾肥，避免过量施用氮肥。

4. 嫁接育苗

用抗性砧木嫁接蔬菜可以有效控制土传病害，利于培育壮苗。发达国家瓜类、茄果类蔬菜嫁接育苗均占相当比大，如以黑籽南瓜嫁接黄瓜防止枯萎病和疫病，以赤茄嫁接茄子防止黄萎病等。我国目前嫁接栽培主要集中在瓜类蔬菜的黄瓜、西瓜上。

二、 消毒预防

对育苗所用培养土、基质、种子、工具等进行消毒是蔬菜育苗中预防病虫害常用的方法。

（一）基质消毒

主要为实现基质重复使用，降低成本。常用的消毒方法是蒸汽消毒、太阳能消毒和药剂消毒。

1. 蒸汽消毒

蒸汽消毒对防止猝倒病、立枯病、枯萎病、菌核病、病毒病具有良好效果。消毒目的在于杀灭其中病原物。将基质堆厚20～30厘米，长、宽根据条件确定，覆盖耐高温薄膜并将四周压严，基质内部通入100℃以上的蒸汽，保持1小时就可杀死病虫。此法高效安全，但成本高，另外基质消毒时必须含有一定水分以便导热。

2. 太阳能消毒

在高温季节的温室或大棚内把基质堆成高30厘米左右的堆，用喷壶喷湿，使基质含水量保持在80%以上，然后用塑料薄膜覆盖并将温室或大棚密闭，暴晒10～15天。此法操作简便又廉价安全。

3. 药剂消毒

消毒的药剂主要有氯化苦、福尔马林、多菌灵等。

（1）氯化苦　能杀死多种土壤中病虫害。首先将基质堆成30厘米厚度，每隔30厘米扎一小孔，深15～20厘米，注入5毫升氯化苦后封孔。第一层施药完毕后，在其上再堆一层基质按上述施药，总共2～3层，最后用塑料薄膜密封熏蒸8天左右后撤膜，充分翻动使药剂全部散发，10天以后使用。消毒适宜温度15～20℃，并要求基质保持一定水分。

（2）福尔马林　一般将40%的甲醛稀释50倍，用喷壶将基质均匀喷湿，覆盖塑料薄膜并将四周封严，3～5天后揭膜，1～2周后使用。

（3）多菌灵　每1000克土壤加入25～30克50%多菌灵可湿性粉剂的水溶液，充分拌匀后盖膜密封2～3天，可杀死枯萎病病菌等病原菌。

(二) 种子消毒

目前种子消毒主要方法有以下几种。

1. 温汤浸种

将种子边搅拌边倒入相当种子容积 3 倍的 55℃ 温水中，不断搅拌使水温降至 30℃，继续浸种 3～4 小时。此法简单，可与浸种过程相结合，并可杀死种子表面病菌。

2. 热水烫种

利于杀死种子表面的病菌和虫卵。水温为 70～85℃，甚至更高一些，用水量为种子重量的 4～5 倍，种子要经过充分干燥。烫种时要用两个容器，使热水来回倾倒，最初几次倾倒速度要快而猛，使热气散发并提供氧气。一直倾倒至水温降到 55℃ 时，再改为不断地搅动，并保持这样的温度 7～8 分钟。以后的步骤同常规的浸种法。此法适合于种皮硬而厚、透水困难的种子，如韭菜、丝瓜、冬瓜等。

3. 干热处理

将干燥的种子置于 70℃ 以上的干燥箱中处理 2～3 天，可将种子上附着的病毒钝化，使其失去活力，还可以增加种子内部的活力，促使种子萌发整齐一致。如将瓜类、番茄、菜豆等蔬菜种子在 70～80℃ 下进行干热处理，就可杀死种子表面及内部的病菌，还可减少苗期病害的发生。此法适用于较耐热的蔬菜种子，如瓜类和茄果类蔬菜种子等。但在进行干热处理时要注意的是，接受处理的种子必须是干燥的（一般含水量低于 4%），并且处理时间要严格控制，否则热量会透过种皮而杀死胚芽，使种子丧失发芽能力。

4. 药剂浸种

药剂浸种是把种子放入配好的药水中，以达到杀菌消毒的目的。药水浸种消毒必须严格掌握药水的浓度和浸种时间，水过稀或浸种时间太短，则达不到杀菌消毒的目的，太浓或浸种时间过长，又会影响种子发芽。所以，准确配制药水浓度和严格掌握浸种时间是十分重要的。用药水浸种消毒，先用清水把种子浸泡 4～5 小时后再放入配好的药水中浸种。浸种的药液必须是溶液或乳浊液，不能用悬浮液。药液的用量一般超过种子量的 1 倍，应将种子全部浸没在药液中。药剂浸种后，要用清水冲洗干净种子上的农药，以免播种后产生药害，影响种子发芽和幼苗生长。

常用药剂浸种方法如下：

(1) 多菌灵浸种　用 50％多菌灵 500 倍液浸白菜、番茄、瓜类种子 1～2 小时，防治白菜白斑病、黑斑病、番茄早（晚）疫病、瓜类枯萎病、炭疽病和白粉病。

(2) 福尔马林浸种　用 100～300 倍的福尔马林浸种 15～30 分钟。适合黄瓜、茄子、西瓜、菜豆等，能防治瓜类枯萎病、炭疽病、黑星病、茄子黄萎病、绵腐病和菜豆炭疽病。

(3) 氢氧化钠浸种　用 2％氢氧化钠溶液浸瓜类、茄果类蔬菜种子 10～30 分钟，防治各种真菌病害和病毒病。

(4) 磷酸三钠浸种　用 10％磷酸三钠溶液浸种 20～30 分钟，防治番茄、辣椒的病毒病。

(5) 氯化钠浸种　用 4％氯化钠 10～30 倍液浸种 30 分钟，防治瓜类细菌性病害。

(6) 高锰酸钾浸种　瓜类种子用 0.1％～0.2％高锰酸钾溶液浸 30～60 分钟，大葱、洋葱种子浸 20 分钟，防治瓜类枯萎病，大葱、洋葱紫斑病。

(7) 硫酸铜浸种　辣椒种子用 1％硫酸铜溶液浸 30 分钟，防治辣椒疫病和炭疽病。

(8) 代森铵浸种　十字花科蔬菜种子用 45％代森铵水剂 1000 倍液浸 20 分钟，防治黑腐病和根肿病。

（9）甲基托布津浸种　用 0.1％甲基托布津浸种 1 小时，可预防立枯病、霜霉病等真菌性病害。

5. 药粉拌种

此法比较简单，种子先用清水浸泡 2～4 小时后，捞出晾至能散开时，用药粉拌种，也可以用干燥的种子拌种。药剂用量一般为种子重量的 0.2％～0.3％。由于药剂用量少不易拌匀，故可加入适量的中性石膏粉、滑石粉或干细土混合搅拌，使药剂均匀地附着在种皮上。

常用的药剂拌种消毒法如下：

（1）敌克松拌种　茄子、辣椒和黄瓜种子用 75％敌克松粉剂拌种，用药量为种子重量的 0.3％～0.45％，防治立枯病。菜豆用种子重量 0.3％的 95％敌克松原粉拌种，防治细菌性疫病。

（2）福美双拌种　菜豆种子用 50％福美双可湿性粉剂拌种，用药量为种子重量的 0.3％～0.4％，防治叶烧病、炭疽病、白斑病和霜霉病。萝卜、大葱、洋葱用药量为种子重量的 0.2％，防治萝卜黑腐病、大葱和洋葱黑粉病。茄子、瓜类、甘蓝、花椰菜、莴笋和蚕豆等，用药量为种子重量的 0.25％，防治苗期立枯病和猝倒病。

（3）克菌丹拌种　茄子种子用 50％克菌丹可湿性粉剂拌种，用药量为种子重量的 0.2％，防治黄萎病、枯萎病和褐纹病。番茄种子用药量为种子重量的 0.4％，防治枯萎病和叶霉病。

（4）多菌灵拌种　黄瓜用种子重量 0.3％的 50％多菌灵可湿性粉剂拌种，防治黑斑病、根腐病、黑星病和枯萎病。菜豆用种子重量 0.4％药剂拌种，防治炭疽病和枯萎病。

（5）代森锌拌种　甘蓝和白菜种子用 65％代森锌可湿性粉剂拌种，用药量为种子重量的 0.3％，防治甘蓝黑根病、白菜霜霉病。

（6）代森锰锌拌种　用 70％代森锰锌可湿性粉剂拌种，用药量为种子重量的 0.2%～0.3%，防治白菜类猝倒病。用药量为种子重量的 0.3%，防治胡萝卜黑斑病、黑腐病、斑点病。用药量为种子重量的 0.4%，防治十字花科蔬菜黑斑病。

（7）百菌清拌种　豌豆、胡萝卜和白菜类种子用 75%百菌清可湿性粉剂拌种，用药量为种子重量的 0.2%，防治豌豆根腐病、胡萝卜黑斑病和白菜类猝倒病。

（8）甲霜灵拌种　菜用大豆、蚕豆、大葱、洋葱和十字花科蔬菜种子用 35%甲霜灵种子处理剂拌种，用药量为种子重量为 0.2%，防治霜霉病。

三、　物理措施

物理防治在蔬菜育苗中应用较广泛的有以下几种。

1. 人工捕杀

当害虫发生面积较小，利用其他防治措施又不方便时，可采用人工捕杀方法。如老龄地老虎幼虫为害时常常将菜苗咬断拖回土穴中，清晨可据此现象扒土捕捉。

2. 阻隔

利用物理性措施阻断害虫侵袭，如苗期用 30 目、丝径 14～18 毫米防虫网覆盖，实行封闭育苗，既改善生态环境，又防止多种害虫为害。地面铺地膜可以阻断土中害虫潜出或病原物向地表传播扩散。

3. 诱杀

诱杀可分为灯光诱杀、纸板诱杀和毒饵诱杀

（1）灯光诱杀　许多夜间活动昆虫都有趋光性，可采用此法。使用最多的是黑光灯，还有白炽灯、双色灯等。黑光灯可诱杀棉铃虫、甘蓝夜蛾、小地老虎等害虫。灯光诱杀需大面积连片使用，否则容易造成局部区域受害加重。

　　（2）纸板诱杀　蚜虫、白粉虱对黄色表现正趋向性，所以可采用黄色板、黄色塑料条诱集。在纸板或塑料条上涂抹10号机油后悬挂于育苗室内，每亩用诱板（1米×0.1米）230块以上，7～10天重涂机油1次。蓟马对蓝色有趋性，可用蓝色板诱杀。

　　（3）毒饵诱杀　利用害虫某些生活习性实现害虫防治。利用谷粒、麦麸、豆饼、棉籽饼、马粪等作饵料加入敌百虫等农药，可诱杀蝼蛄、地老虎等害虫。小地老虎成虫喜食花蜜或发酵物，故可用糖醋毒液或发酵物诱杀。

4. 驱避

　　蚜虫、白粉虱对灰白、银灰色忌避，所以蔬菜苗期在地面铺银灰色薄膜或苗床上部悬挂、拉网银灰色膜条可有效防治两种害虫发生，从而有效防止病毒病发生。在温室北侧张挂镀铝反光幕不仅驱避蚜虫，减少病毒病发生，而且改善温室内生态环境，在一定程度上减轻黄瓜霜霉病和番茄灰霉病发生。此外，应用紫外线透过率低的薄膜能阻断紫外线进入棚内，抑制对紫外线敏感的蓟马、灰霉菌、核盘菌、锈孢菌等害虫和病原菌的活动，延迟或减轻为害。

四、化学防治

　　利用化学药剂防治病虫害是目前最普遍应用的方法。化学药剂主要有杀菌剂和杀虫剂两大类。病虫害种类繁多，每种农药有特定的防治范围和对象。为充分发挥药效，在用药技术方面应重点掌握以下几点。

1. 明确病虫害种类，对症下药

　　如果防治地下害虫可用毒饵诱杀，防治保护设施内病虫可用烟熏、喷粉或喷雾，防治种子携带病虫可用药剂浸种或拌种等。

2. 掌握病虫害发生规律，做到早发现早治疗，将病虫害消灭在点片发生阶段

一般病菌在发生初期或孢子萌发初期抗药力最弱，害虫在初龄幼虫时抗药力最弱，应及时喷药。正确施用农药：按规定浓度和用量稀释和喷洒农药，一般 7～10 天用药 1 次，连续 2～4 次。为防止连续长期施用一种农药使病虫产生抗性，应轮换用药或施用混合农药，但农药混合要合理。

最常见农药施用方法是喷雾法，但容易增加空气湿度，为某些病虫害发生创造条件，所以保护地内施用农药最好施用烟雾剂或粉剂。烟雾剂是把一定量农药和助燃剂混合而成的以烟雾形式扩散进行灭虫灭菌的杀虫剂或杀菌剂，烟雾剂烟熏用药量少，分布均匀，防治效果好，省工省力，并且傍晚、阴雨天施用不增加空气湿度。粉剂是直接向植物喷洒的药剂，粉粒可有效沉积在植株各部位表面，分布均匀，药效长，具有烟雾剂优点且不易发生烟害。另外，该法还具有有效成分不损耗的优点，但喷粉需要特制的喷粉器械。

几种常见蔬菜病虫害防治可供选用的烟雾剂或粉尘如下：

① 霜霉病：25％克露烟剂、45％百菌清烟剂，7％防霉灵粉尘。

② 灰霉病：10％速克灵烟剂、25％灰霉清烟剂、5％灭霉灵粉尘、10％灭克粉尘。

③ 早疫病：5％灭霉灵粉尘。

④ 炭疽病：7％克炭疽粉尘、8％克炭灵粉尘、5％百菌清粉尘、10％克霉灵粉尘。

⑤ 角斑病：5％防细菌粉尘。

⑥ 黑星病：5％防黑星粉尘。

⑦ 叶霉病：15％灰霉清烟剂、5％加瑞农粉尘、7％叶霉净

粉尘。

　　⑧ 蚜虫、白粉虱：毙虱狂烟剂、22％敌敌畏烟剂、防蚜防虱粉尘。

　　⑨ 斑潜蝇：毙虱狂烟剂。

参考文献

［1］葛晓光．新编蔬菜育苗大全．北京：中国农业出版社，2003．

［2］郭世荣．设施育苗技术．北京：化学工业出版社，2013．

［3］杨维田，刘立功．嫁接育苗．北京：金盾出版社，2011．

［4］裴孝伯．蔬菜育苗关键技术．北京：化学工业出版社，2012．

［5］魏继新，周桂荣．最新蔬菜育苗技术．北京：中国农业科学技术出版社，2011．

［6］王秀峰．保护地蔬菜育苗技术．济南：山东科学技术出版社，2002

［7］史宣杰，段敬杰，魏国强，田保明．当代蔬菜育苗技术．郑州：中原农民出版社，2013．

［8］张振贤．蔬菜栽培学．北京：中国农业大学出版社，2003．

［9］王秀峰，陈振德．蔬菜工厂化育苗．北京：中国农业出版社，2000．

［10］汪兴汉．蔬菜育苗技术直通车．北京：中国农业出版社，2004．